L'Origine à venir

François Ansermet

L'Origine à venir

Odile Jacob

15, rue Soufflot, 75005 Paris

www.odilejacob.fr

ISBN : 978-2-4150-0154-4

PRÉFACE

L'après-coup de l'origine[1]

« L'origine ne désigne pas le devenir de ce qui est né, mais le tourbillon de ce qui est en train de naître dans le devenir. »

Walter BENJAMIN[2].

Et si l'origine n'était pas qu'un commencement ? Elle se joue bien avant mais elle se rejoue aussi bien après, à partir de cette liberté que permet l'écart entre origine et devenir. Bien sûr, il n'y a pas que l'origine dans ses aspects déterminants ; il y a, en contrepoint, une origine en devenir. Un devenir qui ne se réduit pas à ses conditions d'origine mais qui comporte l'invention de chacun. Un devenir qui se réalise au-delà de la question de savoir d'où l'on vient, au-delà de cette seule origine, au-delà des caractéristiques de ses ascendants. Un devenir dans l'après-coup que chacun peut réaliser à son mode : à chacun son devenir, au-delà de son origine.

C'est ainsi que l'origine ne peut pas être pensée sans une mise en tension avec le devenir. Le devenir dépasse les enjeux de l'origine, jusqu'à pouvoir la rejouer différemment dans l'après-coup.

Avec Benjamin, l'origine se prend dans le tourbillon du devenir, pour permettre à chacun de renaître à soi-même, dans l'après-coup. N'est-ce pas aussi ce qu'indique à sa manière Rilke, en une formule saisissante : « Nous naissons, pour ainsi dire, provisoirement quelque part ; c'est peu à peu que nous composons, en nous, le lieu de notre origine pour y naître après coup et chaque jour plus définitivement[3]. »

La conception d'un enfant procède de cette rencontre improbable entre un homme et une femme, jusqu'à celle d'un spermatozoïde et d'un ovule. Tout se joue à partir de multiples contingences qui débouchent sur d'ineffaçables nécessités. Pour autant, ça n'enlève pas à l'enfant sa place de créateur d'un devenir. Pris entre une origine impensable et un avenir imprédictible, il lui revient la responsabilité de s'inventer, comme auteur et acteur d'un devenir créé par-delà sa venue au monde.

Au-delà de la clinique de l'origine, comment introduire une clinique du devenir qui implique une origine devenue devenir, une origine devenue à venir, toujours imprévisible, jamais jouée à l'avance ?

Le réel de l'origine[4]

Quel sens donner à ce qui reste fondamentalement inexplicable ? La question de l'origine est la question impossible par excellence : elle bute, de même que celle de la mort, sur les limites de ce qui est irreprésentable. D'où vient-on ? Où étions-nous avant de naître, avant d'être conçu ? Où va-t-on après la mort ? Toutes ces questions butent sur un réel impossible.

Notre origine, ce n'est pas nous qui en décidons. Nous devons faire avec ce qui nous précède, y compris ce qui n'est plus. En cela, comme l'écrit Freud de façon paradoxale : « Leurs noms font des enfants des revenants[5]. » On est toujours soumis, voire en dette, par rapport à ce qui était avant nous, à quoi pourtant nous n'avons pas accès : « De l'origine de l'homme, non plus que de notre origine personnelle, nous n'avons pas la mémoire[6]. » On ne sait pas quand tout cela a commencé, on ne sait pas plus quand et comment cela va finir, même si on sait que la mort est au programme, indissociable du fait d'être vivant. Le fait de venir au monde introduit du même coup à la condition d'être mortel. La mort comme l'origine nous restent inconnues, ce qui fait le destin humain est finalement « l'inconnu de la mise au monde confiée à l'inconnu de la mort[7] ».

Le fait d'advenir comme celui de disparaître nous sont soustraits : « Séparés du commencement, nous craignons notre propre fin, que nous ne verrons pas. La mort elle-même nous est soustraite[8]. » Ces butées peuvent être traumatiques lorsqu'elles sont trop dévoilées, révélant le réel de la mort en tant qu'impossible à supporter : un réel qui est au cœur de la clinique[9]. La mort est en effet contenue dans la question de l'origine. Si on la rejette, on ne peut pas vivre. Il y a en effet une mort qui sous-tend la vie, qui est autre que celle qui lui donne fin[10].

L'origine, on doit déjà la définir par rapport à ce qu'elle n'est pas. L'origine est autre chose que le commencement, qui en lui-même est déjà difficile à saisir. Quand commence la vie ? Est-ce au moment de la conception ? De la naissance ? Ou quand le sujet émerge ? Ou déjà bien avant tout cela, dans les attentes, les anticipations, les légendes, les déterminants qui précèdent la venue au monde d'un enfant ? La question de l'origine n'est pas la même non plus que celle de la sexualité, elle-même disjointe de celle de la procréation, qui ne coïncide pas avec celle de la gestation, puis celle de la naissance, du premier regard, des premiers liens : chacun de ces registres mobilise en effet des univers subjectifs et symboliques différents qui, en aucun cas, ne se superposent à ceux de l'origine.

Œdipe était-il de Corinthe ou de Thèbes ? Il se croyait de Corinthe. Il consulte l'oracle : on lui prédit qu'il tuera son père et couchera avec sa mère. Pour fuir cette prédiction, il quitte son lieu d'origine. Mais, en la fuyant, il l'accomplit. À la croisée des chemins, il tue Laïos, son père. Il résout l'énigme de la sphinge, et on lui offre comme femme Jocaste, la reine, qui se révèle être sa mère. Tout n'est que méprise sur l'origine. Si la tragédie d'Œdipe, c'est celle du meurtre et de l'inceste, c'est d'abord celle de la méconnaissance savante comme celle d'Œdipe, méconnaissance qui nous habite peut-être d'autant plus lorsqu'on est pris dans un projet, dans le projet de savoir.

La question de l'origine bute donc inévitablement sur un réel inabordable. Elle ne peut être traitée par aucun savoir, ou elle implique un savoir non-savoir. Elle reste hors sens. Elle n'implique aucune vérité. C'est un constat[11]. C'est ainsi que chacun habille de fiction ce réel. Il choisit les fictions qui lui sont nécessaires. Comme Jean Genet, cet enfant de l'Assistance publique, né le 19 décembre 1910, qui, dans son journal, fait son acte de naissance : « Je suis né à Paris le 19 décembre 1910. Pupille de l'Assistance publique, il me fut impossible de connaître autre chose de mon état civil. Quand j'eus 21 ans, j'obtins un acte de naissance. Ma mère s'appelait Gabrielle Genet. Mon père reste inconnu. J'étais venu au monde au 22 de la rue d'Assas. Je saurai donc quelques renseignements sur mon origine, me dis-je, et je me rendis rue d'Assas. Le 22 était occupé par la maternité. On refusa de me renseigner[12]. » Comme le pointe Hélène Cixous, l'origine peut être une blessure. Alors qu'il déclare être venu au monde au 22, rue d'Assas, si on s'y rend, on ne la trouve pas. Comme elle l'écrit : « On sait [après enquête d'Albert Dichy] que la maternité "réelle" était située au 89, rue d'Assas. » Tout commence par un faux. Tout commence pour Genet par une blessure, et son œuvre est issue de la blessure. La blessure peut être une origine, et l'œuvre fait parler la blessure, l'entretient, comme dit Hélène Cixous.

Mais le non-savoir sur l'origine peut aller parfois vers un trop-plein de savoir, quand il y a des événements marquants, comme dans les situations d'abandon, d'adoption, de traumatisme. On remplace la dynamique du non-savoir par un excès de sens. L'origine peut devenir un piège si on la considère comme une cause à tout faire, une détermination qui donne sens à tout ce que le sujet vit ou produit. Au point qu'il peut se retrouver enfermé dans son origine. C'est ce qui se produit très souvent lorsqu'il y a eu un événement majeur – on l'a vu avec l'abandon, ou l'adoption, mais on le trouve aussi en cas de traumatisme, de procréation médicalement assistée, ou toutes sortes d'autres faits marquants qui se constituent comme des fausses réponses à une vraie question, celle de l'origine, qui est, elle, fondamentalement sans réponse.

L'origine a en effet plus à voir avec le non-savoir qu'avec le savoir. Tout enfant est d'abord un inconnu. Il faut le rencontrer, faire connaissance. Il vient de soi, d'un couple, d'une histoire, mais c'est d'abord un étrange petit inconnu. De même, toute quête sur sa propre histoire, sur son origine, bute inévitablement sur un trou dans l'histoire, sur un chaînon manquant, jusqu'à cette amnésie physiologique qu'est l'amnésie infantile. Toute autobiographie est un roman, une fiction construite à partir de cette amnésie, à partir d'un premier chapitre qui manque, qui échappe. Faudrait-il faire ainsi de cette amnésie une origine ? L'amnésie infantile touche chacun. L'origine ramène donc plus à l'amnésie qu'au commencement. On souffre tous d'amnésie infantile. Les premiers temps de ce que l'on vit, de ce que l'on expérimente, nous sont barrés par cette amnésie normale, inévitable, de structure, qui est liée à la prématuration physiologique du petit d'homme qui est inachevé de naissance. C'est ainsi que tout travail de la mémoire se fait sur un fond d'amnésie.

C'est certainement aussi ce qui a amené Freud à définir très tôt dans son œuvre, sur la base d'une mémoire absente dès l'origine, une multiplicité de niveaux mémoriels. Déjà dans son texte sur l'hérédité et l'étiologie des névroses en 1896[13], il distingue images mnésiques, résidus mnésiques et symboles mnésiques. Parallèlement, dans sa lettre du 6 décembre de cette même année, il distingue encore différents niveaux d'inscription des traces mnésiques, du signe de la perception, à l'inconscient, au préconscient et au conscient, supposant entre ceux-ci des retranscriptions, des réécritures, tout en posant que mémoire et conscience s'excluent mutuellement[14]. Il y a ainsi toute une série de discontinuités structurelles qui sont au fondement de ce que suppose ensuite la psychanalyse.

On doit de même distinguer mémoire et inconscient, même si parfois l'inconscient a pu être pensé comme une mémoire. Freud posait le désir inconscient comme indestructible[15]. Mais il pose aussi l'inconscient comme *zeitlos*, comme ignorant le temps, comme participant d'une logique illogique, celle du processus primaire[16]. Comment un phénomène peut-il être à la fois hors du temps et résister à l'impact du temps en restant indestructible ? Le *zeitlos*, l'intemporel de l'inconscient, vient au contraire se nouer de façon complexe avec le désir indestructible. Freud a aussi parlé de l'inaltérable, plus précisément de l'immodifiable, l'*Unveränderlichkeit*, d'une inaltérabilité du refoulé à travers le temps (« *die Unveränderlichkeit des Verdrängten durch die Zeit*[17] »).

Freud dans *Malaise dans la civilisation* a comparé le psychanalyste à l'archéologue, indiquant que le psychanalyste avait plus de chance que l'archéologue, parce que rien ne se détruit dans l'appareil psychique, contrairement à ce qui se passe avec les ruines des monuments antiques : « Rien dans la vie psychique ne peut se perdre, rien ne disparaît de ce qui s'est formé, tout est conservé d'une façon quelconque[18]... » Tout est donc là, toujours en place, les traces y sont, mais Freud les posera pourtant plus tard, dans son texte *Construction en analyse*, comme inaccessibles[19].

L'inscrit inaccessible : serait-ce là notre origine ? Une mémoire impossible à mettre au travail. Si l'on suit cette vision de l'origine, celle-ci ne serait que projetée rétrospectivement, ou, dans le même registre, on pourrait faire l'hypothèse que le refoulé remplacerait la mémoire, voire l'origine ? C'est ce qu'il s'agira de penser. Quoi qu'il en soit, Freud déjà dans le manuscrit M en 1897[20] décrivait le travail du temps, de même pourrait-on penser un « travail » de l'origine, toujours remis en jeu, toujours réinventé, toujours reconstruit.

Le choix du devenir

Avec la question de l'origine vient aussi celle du devenir. L'origine est inconnaissable. Il en va de même du devenir. Ce livre est pris aussi dans cette tension entre deux inconnaissables. Mais ces deux impossibles se répondent : le devenir est ouvert parce que l'origine est inconnaissable. L'impensable de l'origine serait ainsi la source d'une possible liberté.

Origine et devenir sont autre chose que naissance et mort. Il y a, entre l'origine et la naissance, un écart qui tient en l'inachèvement du petit d'homme au moment de sa venue au monde. Quant au devenir, il est aussi un détour sur le chemin de la mort[21]. On retrouve entre ces points extrêmes le jeu des trois Moires : entre Clotho, les fatales dispositions, celle qui initie le fil, et Atropos, la mort, celle qui le coupe, il y a la moire Lachésis, celle qui met en jeu le hasard, la contingence en donnant soudain au fil une autre direction, inattendue[22]. Peut-être est-ce le sujet lui-même qui tient le fil en s'inventant un devenir à partir d'une origine elle-même inventée.

Quel est le lien entre origine et devenir ? Sont-ils vraiment liés ? Freud a pu dire de Léonard de Vinci qu'il devint ce qu'il fut[23]. Mais, dans le même texte, il affirme que tout découle aussi du hasard, que le hasard décide de notre destin au-delà des nécessités de notre constitution[24]. Pour Freud donc, « tout dans notre vie est hasard », dès la conception, dès la rencontre hasardeuse entre le spermatozoïde et l'ovule. C'est ce qu'énonce aussi à sa manière Lacan : « Vous êtes surgi de cette chose fabuleuse, totalement impossible, qui est la lignée génératrice, vous êtes nés de deux germes qui n'auraient aucune raison de se conjuguer, si ce n'est cette sorte de loufoquerie qu'on est convenu d'appeler amour[25]. » En tout cas il essaie d'articuler ce qui est déterminé par la constitution, par la structure pourrait-on dire, et ce qui est lié à l'événement, à l'imprévu, à la contingence, qui introduit du discontinu, même si dans l'après-coup le sujet reconstruit une continuité déterminante, fiction d'un devenir incertain dont il fait lui-même un destin : pour reprendre encore une fois Lacan, « ce sont les hasards qui nous poussent à droite et à gauche, et dont nous faisons notre destin, car c'est nous qui le tressons comme tel[26] ».

Entre origine et devenir, il n'y a pas un lien continu. Ce qui était ne préjuge pas de ce qui sera. Entre origine et devenir opèrent les potentialités d'une possible discontinuité[27]. On ne peut écarter l'enjeu de cette discontinuité en la ravalant derrière l'illusion de continuité qu'implique tout raisonnement rétrospectif, qui effectivement efface la discontinuité qui a présidé aux carrefours du devenir. Celui-ci chaque fois réintroduit potentiellement une potentielle liberté. Chaque instant fait coupure, intervalle, espace, à partir de quoi tout est potentiellement possible[28].

À chacun de décider son usage du présent entre un passé qui n'est plus et un futur qui n'est pas encore, que le sujet participe à créer au-delà de ce qui s'impose à lui. Tel est l'enjeu de ce qui se joue entre origine et devenir. Entre déterminisme et liberté, entre structure et événement, entre mémoire et décision, chaque instant est potentiellement décisif. Nous sommes finalement à l'origine de ce qu'on va devenir. L'origine, plutôt que de la mettre au commencement, il faut la situer au présent, en ce point d'intervalle entre ce qui était et ce qui sera, dans l'entre-deux du temps, entre le temps de ce qui était et le temps de ce qui sera. L'origine est entre ces deux temps du temps.

C'est ainsi que l'origine est toujours à rejouer, à réinventer, dans la série des temps qui se succèdent. L'origine est toujours remise en jeu, potentiellement différente, ouvrant sans cesse vers un devenir qui peut être nouveau, pour autant que le sujet en saisit l'occasion. Entre le passé et le futur, il y a une brèche[29], un « non-espace-temps », pour reprendre l'énoncé de Hannah Arendt[30], qui donne au sujet l'occasion de décider de son devenir. Entre le passé infini et le futur infini, s'ouvre ainsi la possibilité de ce que Hannah Arendt désigne comme une « force diagonale[31] », qui va vers du nouveau, au-delà de ce qui paraît déterminé dans l'écoulement du temps.

D'où la question de savoir comment, entre origine et devenir, penser le rapport au temps ? Plutôt qu'un temps qui s'écoule, il s'agirait d'un temps qui procède par coupures, rythmes, fluctuations, rétroactions. Le sentiment d'un temps qui s'écoulerait de façon continue n'est qu'une illusion créée par effet de rétroaction. Le temps est fait de déphasage, de retard, d'après-coup, de constructions rétrospectives, d'anachronisme. Malgré cela, le sujet se construit selon un temps subjectif qui lui apparaît sous forme d'un enchaînement continu. Pourtant celui-ci n'est qu'un temps produit à partir de boucles rétroactives, un temps qui se travaille, qui se métamorphose, un temps construit par un sujet qui traverse sa vie, qui traverse le temps[32], en étant de fait lui-même l'acteur et l'auteur de son devenir. Le temps du devenir avancerait paradoxalement à travers les actes du sujet, qui produisent des à-coups prospectifs, à rebrousse-poil du temps chronologique, le temps de l'histoire du sujet qui va à contretemps du développement[33].

Ce n'est que dans l'après-coup que se construit le sentiment d'une continuité de l'écoulement du temps, de façon rétrospective, pour autant que le sujet ne pâtit pas trop du temps : comme le psychotique qui reste hors temps, pour lequel aucune histoire ne s'inscrit ; l'obsessionnel qui arrive toujours trop tard et qui, avec son rétroscope toujours si efficace, peut dire sans cesse qu'il « aurait dû » ; ou l'hystérique pour qui c'est toujours trop tôt malgré l'impatience de sa demande à l'Autre, avec toujours le risque de la répétition, qui peut aller jusqu'à une compulsion à répéter, même au-delà de tout principe de plaisir[34].

Comment penser le temps du devenir ? Le futur antérieur, temps grammatical troublant, permet de nouer un devenir toujours ouvert et une origine à remettre sans cesse en jeu. Tu auras été cet enfant-là : le passé est mis au futur, dans une dynamique où c'est aussi le futur qui décide du passé. Il y a une anticipation en jeu. Le devenir comprend évidemment l'idée d'anticipation, et pas seulement de répétition. C'est ce qu'on peut constater avec l'enfant : son développement psychomoteur semble toujours en retard sur l'anticipation qu'il en fait, en retard sur son désir, en retard par rapport à l'attente qu'il a de pouvoir faire, de pouvoir se lever, de pouvoir marcher, en retard sur son projet de devenir. Il en va de même du langage : on pourrait dire avec Agamben que « l'enfance, c'est l'expérience transcendantale de la différence entre langue et parole[35] ». L'enfant semble déjà dans la parole avant de disposer du langage, avant que les fonctions somatiques qui servent le langage soient mises en place. Il veut parler, communiquer, se faire entendre. Cette anticipation, c'est ce que démontrent de façon surprenante les tout jeunes enfants, du moins lorsqu'ils vont bien. On pourrait ainsi paradoxalement penser le devenir comme étant à la base du développement, un moteur du développement. Les enfants qui présentent des anorexies passives, qui restent sans appétence, semblent nous suggérer que le désir précède la fonction vitale plutôt que le contraire classiquement reconnu, où l'on pense le désir comme s'étayant sur les fonctions vitales. Peut-être que les enfants qui souffrent dans leur développement, qui en pâtissent, souffrent surtout de ne pas pouvoir mettre leur devenir en jeu ? Quoi qu'il en soit, ces enfants ont aussi besoin qu'on s'occupe d'eux en anticipant ce qu'ils vont devenir, plutôt qu'en faisant le bilan de ce qui leur fait défaut.

Le devenir comme invention

Et pourtant, entre l'origine inaccessible et le devenir imprévisible, le sujet peut trouver la liberté de s'inventer. Encore faut-il pour cela qu'elle se rende indéductible de ce qui était[36].

Un enfant le sait à sa manière. Il construit des romans familiaux[37] plutôt que de coller à son histoire. Il établit des théories sexuelles infantiles[38] qui, en plus, ont comme caractéristique de contourner le sexe dans la procréation. Tous les orifices du corps sont en jeu dans les mille fictions qu'il construit, sauf les zones sexuelles. L'origine est barrée par l'amnésie infantile : il ne reste au sujet que le recours de la fiction. Toute mémoire est d'ailleurs en elle-même continuité et discontinuité. La mémoire est toujours une reconstruction, tissée de fiction.

C'est sur la page manquante de son origine que le sujet peut se construire. C'est sur une origine manquante que paradoxalement il advient. À chacun sa réponse, à chacun son invention, à chacun sa solution, à chacun son devenir, en transformant l'inaccessibilité de l'origine en une source de liberté. C'est l'origine en tant que présente sous forme absente qui permet d'inventer sa vie, de devenir l'auteur et l'acteur de son propre devenir. Le devenir est ouvert parce que l'origine est inventée. Chacun devient l'interprète de cette part inaccessible. Chacun est ainsi à l'origine de ce qu'il va devenir. L'enjeu est toujours de transformer son énigme en solution. C'est aussi l'enjeu de la clinique de l'origine : penser une clinique de l'origine, c'est penser un accès chaque fois singulier à ce à quoi il n'y a pas d'accès. C'est donc une clinique paradoxale. La clinique ne peut rien changer à l'origine, par contre, « elle change tout pour le sujet[39] ». À condition de trouver une solution à ce problème impossible, à condition de trouver sa solution. Ce sont les voies de ces solutions qu'explore ce livre pour que chacun puisse trouver une voie entre une origine inventée et un devenir toujours ouvert.

CHAPITRE 1

Les énigmes de l'origine

D'où viennent les enfants ?

Venir au monde : on manque de représentation. On vient d'un lieu où on n'était pas et on transporte toujours avec soi le trouble de sa propre conception.

La venue au monde d'un enfant fait buter sur une série de questions qu'on retrouve au noyau de toute névrose : D'où viennent les enfants ? Qu'est-ce qu'un père ? Que veut une femme ? Ces questions se posent tout au long de la vie.

L'enfant implique l'énigme. La naissance d'un enfant affronte à quelque chose d'insaisissable. Bien sûr, il est issu d'un couple, d'une procréation, d'une histoire. Il est le produit de la relation – ou de tout autre moyen de procréation. Mais le sujet advient aussi au-delà de cette origine. Entre en jeu quelque chose de plus que cette histoire.

Une question impossible à résoudre

La question de savoir d'où viennent les enfants est, selon Freud, la question insoluble par excellence[1]. Elle ne peut en effet être réduite ni à la biologie de la reproduction, ni à la génétique, ni à l'histoire familiale, ni à un assujettissement à des nécessités parentales, qu'elles soient symptomatiques, narcissiques ou fantasmatiques. D'où viennent les enfants ? C'est une question qui reste sans réponse.

Pour tout enfant qui s'interroge sur son origine, on sait que les explications ne suffisent pas. Une petite fille au terme d'une explication biologique se demande justement : « Mais avant d'être dans ton ventre, où est-ce que j'étais ? » Question fondamentale, qu'aucune explication ne saurait résoudre. C'est ce qu'exprimait aussi à sa manière Ferenczi[2] : tous les enfants achoppent sur la question de savoir comment le fœtus arrive à l'intérieur du corps de la mère. Il y a là quelque chose d'irreprésentable, de proprement impensable, comme la mort finalement.

Cependant, même si sa propre mort reste irreprésentable, on peut se représenter une disparition. Il est en revanche beaucoup plus difficile d'imaginer une apparition soudaine de ce qui n'était pas avant. De même, la naissance peut être bien plus inconcevable qu'une disparition. La conception d'un enfant, au sens strict le passage du non-être à l'être, est finalement beaucoup plus inimaginable que la mort que Freud considérait comme irreprésentable[3]. Un irreprésentable qu'on retrouve d'ailleurs aussi dans les propos de cet enfant qui se demande : « Et quand mon corps ira en terre et mon âme au ciel, moi, où est-ce que je serai ? »

Être mortel, serait-ce là une condition pour atteindre au sentiment d'être en vie ? On se trouve face à une contradiction insoluble. La mort est inévitable. Mourant de naissance, serait-ce là le destin de chaque enfant ? En contrepoint, la vie, elle aussi, est inexorable comme la mort[4].

La vie, finalement, ne serait qu'un trajet, qu'un détour sur le chemin de la mort, pour reprendre la conception freudienne[5]. Faut-il même aller plus loin dans cette vision en concluant que la mort précède la vie et lui donne lieu, comme a pu l'écrire Charles Ferdinand Ramuz : « Tu nais, mais du sein de la mort, cette grande mort d'en arrière, qui est une mort qu'on oublie, tandis que l'autre est toujours sous nos yeux[6]. » Ce qui se rapproche de la formule que Freud construit sur le rapport de la vie à la mort : la fin vers laquelle tend toute vie est la mort, et, inversement, le non-vivant est antérieur au vivant[7].

On vient de la mort. On meurt de la vie. La question de l'entrée dans la vie ne peut ainsi se dissocier de celle de la mort. Mais encore faut-il savoir, comme l'écrit Lacan, de quelle mort il s'agit : « Car il ne suffit pas d'en décider par son effet : la mort. Il s'agit encore de savoir quelle mort, celle que porte la vie ou celle qui la porte[8]. »

La naissance confronte souvent, de façon paradoxale, à la question de la mort. Certaines mères en témoignent directement. L'enfant le vit peut-être aussi. Même s'il n'en conserve aucune mémoire, cette idée peut courir en filigrane tout au long de la vie. La venue d'un enfant poserait donc la question de la mort autant que celle de la vie. La naissance serait aussi un rapport à la mort. N'a-t-on pas parfois enroulé les enfants dans leurs langes de la même manière que les morts dans leur linceul ? La question de la mort rapproche de celle de l'origine.

Les rituels qui tournent autour de l'enterrement sont parfois aussi ceux d'un retour à l'origine[9].

Naître de la mort : on pourrait prendre à témoin cette histoire déjà ancienne, presque irréelle, d'un bébé qui serait né en Californie cent quatre jours après la mort de sa mère. Celle-ci avait été déclarée cliniquement morte alors qu'elle était enceinte de dix-sept semaines, deux jours après avoir reçu une balle dans la tête au cours d'une tentative de cambriolage[10]. L'équipe médicale a maintenu la femme artificiellement en vie afin d'assurer la maturation du fœtus. Le système de survie a été interrompu après la césarienne. Il s'agissait d'un beau bébé de sexe mâle, parfaitement bien développé : c'est du moins ce qu'aurait déclaré le médecin à la naissance de l'enfant. Peut-être que le développement de l'utérus artificiel va multiplier ce genre de situations lorsqu'il ne sera plus réservé à des investigations expérimentales. La fabrication d'un enfant pourrait devenir totalement artificielle, entre utérus artificiel et gamètes de synthèse : le futur de la procréation pourrait relever de la science-fiction à travers des techniques qui viseraient à évacuer le vivant dans la production de la vie, dans l'illusion d'échapper à la mort dans la procréation.

Ce qui n'empêche que la question, pour chacun, de savoir d'où viennent les enfants, au-delà de tout progrès technique, au-delà du développement de plus en plus important des connaissances, laisse tout aussi perplexe, peut-être encore plus, que lors des premières quêtes d'enfant.

L'enfant chercheur

D'où viennent les enfants ? C'est autour de cette première question, selon Freud, que tourne la pensée de l'enfant, qu'elle se mettrait à travailler, jusqu'à devenir pulsion de recherche indépendante[11]. Cela d'autant plus qu'il s'agit d'une question sans réponse : cette impasse va nouer définitivement le travail de la pensée au vivant, à la question de l'origine et à celle de la mort.

Le savoir sur la provenance des enfants oblige à passer par le mythe, le conte, la légende. Jusqu'à cette cigogne, si souvent évoquée. On assure dans certaines régions qu'elle est allée chercher les enfants sous l'eau d'un étang. Dans d'autres, on lui prête le pouvoir de féconder par son seul regard. Ce qui n'empêche que cette légende soit particulièrement inefficace pour répondre aux questions des enfants. D'où peut-être, paradoxalement, l'une des sources de son succès[12] : l'insatisfaction dans laquelle cette histoire de cigogne laisse l'enfant ne donne-t-elle pas l'illusion d'un secret encore plus excitant ? Tout se passe dans cette histoire de cigogne comme si la légende n'était pas faite pour dire, mais d'abord pour taire.

Comme l'écrit Freud : « La fable de la cigogne ne fait pas partie des théories sexuelles infantiles[13]. » Pour l'enfant, cette histoire rassurante est une porte fermée. Alors que les théories sexuelles infantiles – centrées sur la question de la provenance des enfants, mais aussi plus tard sur l'explication de la différence sexuelle – contiendraient chacune « un fragment de pure vérité[14] ».

Les théories sexuelles infantiles seraient ainsi une sorte de voie obligée de la pensée. Elles émergent à l'entrecroisement du dedans et du dehors, entre l'expérience corporelle de l'enfant, à travers l'investissement des zones érogènes, et l'observation du monde, de la sexualité des animaux au ventre de la mère. Comme l'écrit Freud, ce qu'il y a de correct et de pertinent dans les théories sexuelles infantiles « s'explique par le fait qu'elles trouvent leur origine dans les composantes de la pulsion sexuelle qui sont déjà à l'œuvre dans l'organisme de l'enfant[15] ». Là résiderait l'universalité des théories sexuelles infantiles : au point de les retrouver dans la structure des fables, des légendes et des mythes, qui puisent leur impact dans le maintien de ce lien à la question de l'origine, aussi bien qu'au noyau des fantasmes inconscients de chaque sujet.

Toute recherche serait finalement, comme Freud l'écrit, « un produit de l'urgence de la vie[16] ». L'enfant se mettrait à penser à partir de son corps. Et, comme l'a dit Lacan, les théories sexuelles infantiles seraient des activités de recherche concernant la réalité sexuelle[17]. On pourrait donc faire de l'investigation sexuelle infantile la source de toute recherche intellectuelle ultérieure.

L'enfant freudien apparaît comme un enfant chercheur, notamment dans l'étude sur Léonard de Vinci[18]. C'est à partir des questions liées à la sexualité infantile qu'aurait pris naissance la passion de l'investigation propre au destin de Léonard – finalement un désir sexuel de savoir. D'où Freud veut déduire une pulsion de savoir : « Le grand Léonard, qui était sexuellement inactif ou homosexuel, était également un homme qui a tôt converti sa sexualité en pulsion de savoir[19]. »

Qu'il s'agisse du petit Hans ou du grand Léonard, une pulsion de savoir serait à l'œuvre. L'enfant – confronté à l'énigme de sa conception, de son origine, de sa naissance, de la différence des sexes – se retrouve théoricien, perplexe et égaré, mais parfois aussi génial. Pensée et sexualité seraient donc liées. La pensée ne rompra jamais ce lien originel. Léonard en est pour Freud l'illustration la plus convaincante.

Qu'il s'agisse de l'éventuelle queue de vautour (ou de milan) cachée dans le tableau de sainte Anne en Tierce, ou de ses études sur le vol des oiseaux, une autre quête, bien que latente, entre en jeu. Quel oiseau saura donc le mieux évincer le père ? Lequel sera plus apte à préserver la mère de l'horreur de la copulation qui semblait envahir Léonard de Vinci ? Les vautours ont eu la réputation d'être tous femelles, fécondés dans les airs, par le vent. Et Léonard d'écrire dans son carnet : « L'acte de la copulation et les membres qui y concourent sont d'une hideur telle que, n'étaient la beauté des visages, les ornements des acteurs et la retenue, la nature y perdrait l'espèce humaine[20]. »

Freud fait découler l'avidité de savoir de Léonard de Vinci de son interrogation sexuelle infantile. L'investigation viendrait à la place de l'action. Il cherche au lieu d'aimer. Les forces pulsionnelles se sont circonscrites dans une activité intellectuelle.

Or, pour Freud, la question qui habite Léonard serait justement de façon primordiale celle de savoir d'où viennent les enfants. C'est aussi celle qui est au cœur de l'investigation de tout enfant. Le plus souvent, c'est la venue au monde d'un nouvel enfant qui déclenche cette interrogation. Et, dans cette quête, l'enfant rejette les fables des adultes. Il poursuit par des voies personnelles, guidé par les motions de sa propre sexualité. Il imagine que l'enfant est produit à partir du fait de manger, que sa mise au monde passe par l'intestin. Il y cherche le rôle du père, de l'acte sexuel qu'il voit comme hostile et brutal. Cette enquête évolue sans pouvoir jamais aboutir. Elle laisse inévitablement l'enfant dans l'insuccès, l'adulte aussi.

De cette difficulté fondamentale, Freud déduit d'ailleurs différents destins pour le travail de la pensée chez l'enfant. Que ce soit l'inhibition névrotique, où la capacité d'investigation est refoulée en même temps que la sexualité, l'avidité de savoir reste sans issue. Que ce soient la rumination et le doute, véritables compulsions névrotiques à penser, où l'investigation devient une activité qui exclut toute autre, sorte de sexualisation de la pensée. Que ce soit enfin la sublimation, où la libido devient avidité de savoir, faisant de l'investigation un substitut de l'activité sexuelle, la pulsion pouvant « agir librement au service de l'intérêt intellectuel[21] ».

Odradek

La venue d'un enfant, même si elle s'accompagne de bonheur, peut laisser dans la perplexité. Ce peut être aussi l'angoisse, parfois la dépression, ou même un déclenchement psychotique. La clinique du post-partum en témoigne ; ceux qui souffrent face à la naissance sont certainement plus au fait de ce qui s'y joue. Dès sa naissance, dès son insertion dans le vivant, un enfant peut donc incarner un réel impensable, inaccessible, qui le dépasse.

La rencontre avec l'enfant est d'abord une rencontre avec ce reste de la symbolisation qui échappe à toute pensée, à toute histoire, à toute représentation, que Lacan désigne comme le réel[22]. Le réel n'attend pas, « et nommément pas le sujet, puisqu'il n'attend rien de la parole[23] ». Si bien que la rencontre avec ce réel qui se joue face à l'enfant se fait sur le mode de l'étrange, de l'insaisissable, parfois de l'insupportable. Elle peut se révéler traumatique.

N'est-ce pas justement ce que révèle de façon particulièrement percutante le surgissement d'Odradek dans un étonnant texte de Kafka « Le souci du père de famille[24] » ?

Odradek est un étrange objet qui depuis toujours habite la maison du père de famille. Inquiétante bobine plate en forme d'étoile, faite de vieux bouts de fils cassés, enchevêtrés, tortillés, elle tient debout comme sur deux pieds, toujours prête à ressurgir. Odradek parcourt la maison du grenier à la cage d'escalier, agile et imprenable. « Naturellement, on ne lui adresse pas de questions difficiles, mais on le traite – sa petitesse y invite – comme un enfant. "Comment t'appelles-tu donc ?", lui demande-t-on. "Odradek", dit-il. "Et où habites-tu ?" "Domicile incertain", dit-il, et il rit. »

Le père se demande ce qu'Odradek va devenir. Peut-il seulement mourir ? Tout ce qui meurt a connu auparavant une sorte de but, a traversé une activité qui l'a usé. Ce n'est pas le cas pour Odradek. « Le verra-t-on demain encore, traînant ses bouts de fils après lui, dégringoler l'escalier au pied de mes enfants et des enfants de mes enfants ? » C'est ce que se demande le père de famille. Cette question le préoccupe au plus haut point : « Odradek ne nuit apparemment à personne ; mais l'idée qu'il puisse en outre me survivre, cette idée m'est presque douloureuse. »

L'histoire d'Odradek est inatteignable, engloutie. Odradek, éternité hors de l'histoire rendant vaine toute perspective d'anamnèse. Tout se concentre en un objet, reste incongru, dérisoire, signe ponctuel et irréductible de la présence d'un au-delà. Cet objet est-il issu du passé ? Est-il présent ? Ou fait-il retour depuis l'avenir ? Produit d'un temps hors du temps, reste absolu, cette bobine, dans sa course à travers la maison, joue un tour à la mémoire.

Un événement présent est-il vraiment toujours présent ? Imprévu, Odradek peut surgir à tout instant, au moment de la naissance ou au-delà de la mort. Sorte d'effet de diapason, il indique l'illusoire de tout déroulement temporel. La venue d'un enfant peut l'incarner. Tel Odradek, l'enfant implique en effet une logique temporelle particulière où un événement peut d'abord être futur, avant d'être présent et de devenir ensuite passé.

Odradek, reste inassimilable, totalement présent, précédant la naissance et survivant à la mort, finit par surgir inévitablement au détour de toute histoire. L'enfant réel, c'est celui qui rappelle à l'adulte cette part de lui-même à laquelle il n'aura jamais accès, même s'il vit tous les jours les effets de cet inaccessible. Ce réel, inaccessible, non symbolisable, peut faire retour avec l'enfant : Odradek introduit d'une façon particulièrement explicite l'inquiétante question du réel porté par l'enfant.

L'enfant comme réel

Un enfant est né, un arrachement s'est produit. Une distance demeure, irréductible, qui fait qu'il y a bien des illusions à chercher à le situer seulement en termes de génération, d'origine ou de filiation, de même que dans les coordonnées du réveil narcissique qu'entraîne pour ses parents sa venue au monde[25]. La naissance affronte quelque chose qui vient trouer son antériorité. Ce qui se transmet, c'est aussi ce trou. L'enfant ne dévoilera jamais le mystère de son origine.

Le traumatisme de la naissance, c'est aussi la rencontre à travers l'enfant de cet impensable qu'on veut désigner ici comme l'enfant réel. L'enfant réel n'est pas l'enfant tel qu'il est. Il n'est pas réductible à l'enfant en tant que réalité concrète. Il est à situer en deçà du sujet et rappelle à l'adulte cette part de lui-même à laquelle il n'aura jamais accès. Dès sa naissance, dès son insertion dans le vivant, l'enfant incarne un réel qui le dépasse. C'est ce qu'on pourrait désigner comme l'effet Odradek. Déjà là avant toute naissance, toujours là après la mort, Odradek pourrait incarner l'évidence du réel que révèle la naissance.

Lacan a montré que ce que Freud cherche à situer dans sa métapsychologie comme la pulsion de mort « dépend pour nous du fait que la mort de l'homme, bien avant qu'elle se reflète, de façon d'ailleurs toujours si ambiguë, dans sa pensée, est par lui éprouvée dans la phase de misère originelle qu'il vit du traumatisme de la naissance jusqu'à la fin de ses six premiers mois de prématuration physiologique, et qui va retentir ensuite dans le traumatisme du sevrage[26] ». La naissance est ainsi paradoxalement une mise en évidence de la pulsion de mort. Comme l'écrit Lacan : « La vie est la forme la plus pure où nous reconnaissons l'instinct de mort[27]. »

On voit donc que la naissance introduit d'une certaine manière une dialectique entre continuité et discontinuité : continuité de la lignée, discontinuité en tant que sujet. D'une part une détermination – détermination langagière qui constitue le sujet comme sujet au signifiant, soumis au primat du symbolique qui le précède. D'autre part un trou, un intransmissible, qui implique une position du sujet fondamentalement imprévisible, incalculable qui dépend de ses propres choix. La détermination d'une névrose resterait strictement individuelle et contingente : finalement une réponse de l'enfant à une part d'intransmissible[28]. On ne peut donc se contenter de déduire l'enfant et son devenir de ce qui était. La naissance, séparant de ce qui était, offre l'espace pour qu'une histoire nouvelle puisse advenir.

Le devenir de l'enfant ne peut être considéré seulement dans un rapport de détermination et de continuité avec ce qui le précède, rapport qui réduit la question de l'enfant à celle de son origine, de son histoire ou de sa préhistoire familiale. Ces repères sont partiels. Il n'y a pas que transmission. Il y a aussi création. Quelque chose survient *de novo*. Une béance reste ouverte. C'est d'elle d'ailleurs que le sujet peut espérer tirer quelque liberté.

L'enfant comme réel apporte ainsi un potentiel créateur. La confrontation avec le réel ouvre pour le sujet la possibilité de poser un acte : l'acte de son assomption subjective, au-delà des contraintes liées au monde qui le précède, de la constellation dans laquelle il a vu le jour, des événements complexes qui ont pu accompagner sa conception, sa naissance ou ses premières relations.

Cette béance lui permet d'échapper au déterminisme, aux voies à sens unique des lois de la transmission. Les choses peuvent se passer au-delà de ce qui détermine le destin du sujet. La béance propre au réel, plutôt que de piéger le sujet, lui offre l'espace d'un choix possible, d'une réponse dans ses dimensions particulières, au-delà de tout déterminisme.

L'évidence du réel nécessite de repenser toute l'opposition entre déterminisme et liberté, entre nécessité et contingence à propos du devenir de l'enfant. Elle oblige à tenir compte de ce qui est de l'ordre de l'irréductiblement inconnaissable au-delà de l'inconnu. Parler d'inconnu plutôt que d'inconnaissable témoigne en effet d'une confiance assez naïve en nos possibilités de savoir. Poser l'inconnaissable comme tel, en tant que fait du réel, permet d'aborder différemment le destin du sujet.

Si le psychanalyste a une responsabilité par rapport à l'enfant et à son devenir, c'est celle d'ouvrir un espace d'indétermination, de créer un point de suspension par rapport à ce qui le précède, d'ouvrir à l'imprévisibilité fondamentale de la réponse du sujet.

Le psychanalyste, dans le champ de la clinique du réel, se doit ainsi d'être véritablement un praticien de l'imprévisible, considérant le réel comme étant au principe d'une possible liberté. Poser l'hypothèse du réel, de la discontinuité qu'il implique, amène à voir la causalité du sujet du côté de la réponse, du sujet comme réponse du réel[29]. Reste cependant à articuler la dialectique entre le sujet comme réponse du réel et les réponses du sujet face au réel.

Le réel, en tant qu'impossible, « insiste à la limite du langage[30] ». Il se révèle être une catégorie qui localise les limites de l'analysable et permet de saisir le vif de l'enjeu de la clinique psychanalytique. Tenir compte du réel permet un abord clinique des phénomènes qui, de structure, ne se laissent pas convoquer à l'appel du langage, comme ce qui se joue autour de la conception, de la naissance et dans la période périnatale.

Pour atteindre ce point, encore faut-il retrouver, au-delà du traumatisme, que ce soit celui de la naissance, de la rencontre avec le réel ou de toute autre cause, la voie d'une liberté. Tel est l'enjeu de la cure analytique. De toute façon, le sujet ne peut advenir que de ce qui était. Un tel projet nécessite d'aller au-delà de certaines résistances, de ne pas se laisser piéger dans l'histoire, et son trop-plein de sens, tout autant que dans la fascination ou le recul face aux techniques qui ont été mises en jeu dans la conception.

Futur antérieur

Quelles que soient les techniques utilisées, d'une certaine manière, l'enfant est déjà là avant sa naissance. Il est d'abord issu de ce qui le précède, du désir qui a présidé à sa conception, ou parfois du non-désir qui a accompagné la révélation d'une grossesse entamée. Lorsqu'il est conçu, quel que soit le mode de procréation, et avant qu'il ne vienne au monde, de multiples antécédents – légendes, histoires, événements – ont déjà été joués, de multiples cartes sont tombées. On a parlé de lui avant qu'il ne soit là. Il est parlé avant qu'il ne parle. Né par hasard, ici ou là, à lui de s'en tirer avec ce qui l'entoure. C'est d'ailleurs la difficulté pour chaque enfant.

L'enfant serait ainsi toujours d'une certaine manière d'abord cet « enfant-ancêtre » propre à certaines cultures[31] qui font de lui une sorte de médium entre le monde présent et l'au-delà, un métis entre l'actuel et la divinité. À travers l'enfant se jouerait un dialogue avec l'autre monde. C'est ainsi qu'un enfant devrait finalement toujours être reçu comme un être venant d'ailleurs, à qui il faudrait poser les questions qu'on pose à l'étranger : d'où viens-tu ? Qui es-tu ? Quel est ton nom ? Chez les Soninkés, par exemple, un enfant peut ne pas être un enfant, mais un vieux qui revient pour livrer la parole divine. Il s'agit de lui parler avec respect, de l'appeler « grand-père ». On dit qu'il est jeune vieillard. Un fils grand-père. C'est à la fois une chance et un grand malheur pour une famille de recevoir un tel enfant. Une telle conception pourrait amener un certain enseignement pour notre clinique.

Ne rejoint-on pas l'énoncé du poète Wordsworth, « L'enfant est le père de l'homme », qui reprend un adage attribué à Platon ?

Cette phrase a justement retenu l'intérêt de Freud[32], de même que celui de Lacan[33]. Prendre cette phrase au pied de la lettre conduit à attribuer à l'enfant une certaine fonction paternelle. Il apporte en effet à travers sa venue au monde quelque chose qui est en deçà de lui, qui précède son existence subjective. Ce que démontre l'enfant, c'est que le sujet est marqué par une certaine antériorité. Chez les Soninkés, l'enfant perturbé est considéré comme porteur d'un message de l'autre monde, qu'il s'agit avant tout de déchiffrer. On doit donc d'abord apprendre de lui. Ne rejoint-on pas cette intuition de Prévert qui conseillait, face à l'enfant nouveau-né, de prêter l'oreille, et quand il jette ses hauts cris, de les traduire : « Croyez-en ma vieille expérience ! »

Quel que soit le mode de conception, c'est à partir d'une constellation qui est tout sauf indifférenciée que le sujet doit réaliser son émergence dès sa naissance. Ce qu'enseigne l'enfant, c'est que le temps du sujet est marqué par une certaine antériorité. « Tu auras été cet enfant-là » : le futur antérieur, temps grammatical troublant, situe bien l'énigmatique de la naissance subjective dans un tout autre ordre que la naissance biologique. Futur antérieur, temps de l'après-coup, n'est-ce pas toujours à ce même paradigme temporel que ces énoncés se réfèrent ? Destin imparable, fatalité de ce qui a déjà eu lieu, le futur antérieur pourrait être le temps qui porte les incidences de l'enfance – ou plus exactement de l'infantile – dans la vie de l'adulte. Comme l'énonce Lacan : « Ce qui se réalise dans mon histoire n'est pas le passé de ce qui fut, puisqu'il n'est plus, ni même le parfait de ce qui a été dans ce que je suis mais le futur antérieur de ce que j'aurais été pour ce que je suis en train de devenir[34]. »

L'enfant réel diffère de l'enfant en tant que réalité concrète. L'enfant réel n'est pas l'enfant tel qu'il est. En deçà du sujet, il porte l'inconnu. Il n'est pas que le produit d'une lignée. À travers sa venue, il porte en lui-même le mystère d'une incarnation. La question de savoir d'où viennent les enfants reste insoluble, et l'enfant, définitivement, constitue l'un des modes privilégiés de révélation du réel.

Que l'enfant témoigne du réel plutôt que de l'originaire, que son existence se réalise sur un fond de non-être, met donc en question le temps même de l'histoire de l'enfant. Emporté par le temps, le sujet n'a pas accès au présent. Celui-ci, le plus souvent, ne se révèle que dans l'après-coup, comme futur antérieur justement. « *Wo es war, soll ich werden* » : tel est l'adage freudien[35]. « Là où fut ça, il me faut advenir », comme le traduit Lacan[36]. Cette sentence indique l'aspect excentré du sujet par rapport à lui-même. Comme l'écrit Lacan : « Quel est donc cet Autre à qui je suis plus attaché qu'à moi-même, puisqu'au sein le plus assenti de mon identité à moi-même, c'est lui qui m'agite[37]. » D'où la question essentielle qui est de savoir comment le sujet va se constituer au lieu de l'Autre qui lui préexiste.

L'Autre du symbolique est en effet déjà là : « Les symboles enveloppent en effet la vie de l'homme d'un réseau si total qu'ils conjoignent avant qu'il vienne au monde ceux qui vont l'engendrer "par l'os et par la chair", qu'ils apportent à sa naissance avec les dons des astres, sinon avec les dons des fées, le dessin de sa destinée[38]. » Quelles en seront les incidences de l'Autre déjà là – c'est une question qui dépasse les coordonnées de la conception, quelle qu'elle soit.

Faire un enfant. Avoir un enfant. Donner un enfant. Que donne-t-on quand on fait un enfant ? Donner la vie, dit-on, de quel don s'agit-il ? À qui donne-t-on ? Que reçoit-on ? Faire un enfant implique un système d'échange bien particulier. « Un vient de deux », comme l'écrit Claude Lévi-Strauss qui fait de cette formule la structure commune aux différentes versions du mythe d'Œdipe : « Il s'agit toujours de comprendre comment un peut naître de deux : comment se fait-il que nous n'ayons pas un seul géniteur, mais une mère et un père en plus[39] ? »

Cette affirmation pourrait être mise à l'épreuve à partir des questions posées par les nouveaux procédés de procréations médicalement assistées aujourd'hui disponibles. Entre acte sexuel, fécondation, grossesse, accouchement, filiation, adoption, descendance, générations, tout ce qui était jusque-là lié peut être dissocié. La place de l'enfant comme produit de la lignée s'en trouve-t-elle modifiée ?

Avoir des enfants sans relations sexuelles, sans lien avec le père, sans lien de sang avec la mère, qui est d'ailleurs devenue aussi incertaine que le père, avoir deux mères biologiques, l'une génétique, fournissant l'ovule, et l'autre, utérine, assurant la gestation, éventuellement une troisième recevant ensuite l'enfant, pouvoir sauter plusieurs générations avant d'implanter un embryon congelé, issu de la même lignée familiale, ou d'une famille différente : de quels systèmes d'échange s'agit-il ?

On parle de dons d'ovules, de dons de sperme. De quel type de don s'agit-il ? Qu'est-ce que donnent les gamètes ? Quelle place occupent dans le système de parenté ces hommes et ces femmes qui donnent des substances relatives à la filiation ? Les donneurs de gamètes contribuent à faire naître des enfants. Ces dons sont médiatisés, sans contact direct, hors sexualité. Tout passe à travers des institutions, banques de sperme, services de médecine de la reproduction. Quelle place occupent ces tiers indirects dans la fabrication des enfants ? Quelle place occupent aussi ces nouveaux tiers que sont les médecins et les biologistes qui participent à transformer avec passion des femmes en mères et des hommes en pères ?

Lors de dons de gamètes, le spermatozoïde ou l'ovocyte se retrouvent avoir une histoire, ou en tout cas une gestion sociale, avant d'entrer dans l'histoire intime d'un homme et d'une femme. Les dons de gamètes conduisent ainsi à un étrange mélange entre les choix des sujets qui s'impliquent dans un désir d'enfant et des règles sociales et éthiques encore en train de s'établir. Ces produits du corps entrent dans un système d'échange qui dépasse l'histoire du sujet aussi bien que les contraintes biologiques. Une femme peut aujourd'hui obtenir une insémination artificielle de sa propre initiative, sans la contribution d'un homme. Il peut aussi y avoir des dons d'ovule. Et des mères porteuses. L'incertitude quant au père se double d'une incertitude quant à la mère. Un enfant peut n'avoir aucun lien de sang ni avec le père ni avec la mère, être sans antériorité par rapport à eux, être issu d'insémination artificielle à partir de l'ovule d'une tierce personne fécondé par un spermatozoïde d'un autre tiers anonyme, l'embryon ayant été porté par une autre femme. Qui est la mère ? Qui est le père ? Les pistes se brouillent, d'autant plus si l'utérus emprunté est celui d'une autre parente, mère, sœur, fille. Que deviennent les lois de la filiation ? On mesure à quel point le repérage tient d'abord au symbolique, plus qu'au biologique – même si le symbolique est marqué par l'impossibilité de traiter tout le réel, encore plus peut-être quand celui-ci est d'autant plus dévoilé.

Les procréations médicalement assistées visent à réaliser un désir d'enfant : que devient ce désir lorsqu'il est satisfait à travers une médiation médicale, sans rapport sexuel, voire dans l'anonymat ? Quelles répercussions sur la filiation ? Sur la nomination ? Tout semble bouleversé, mis en crise, par l'impact des possibilités des procréations médicalement assistées ? Mais s'agit-il vraiment de changements importants ? De disruptions ? La filiation ne passe-t-elle pas d'abord par d'autres coordonnées que biologiques ? Où tout cela se joue-t-il ?

Quels risques sont en jeu, dès lors qu'on sépare l'ovocyte de la femme, le spermatozoïde de l'homme ? Quels destins à ces produits du corps qui portent en eux-mêmes une transmission génétique ? Quel sera le futur de cette antériorité ? Tout un spectre de possibles, entre de nouvelles libertés dans les voies de la procréation. Mais pourrait-il y avoir aussi de nouveaux risques ? De nouvelles tragédies du destin ? Quel vont être les destins de ces gamètes une fois séparés des corps et de l'histoire de ceux qui les ont produits. Pourrait-il surgir une consanguinité, à l'insu de ceux qui se prêtent à recevoir des gamètes ? À l'insu des institutions qui gèrent l'usage social de ces gamètes ? On mesure à quel point tout cela se joue aussi au-delà du biologique. Pour Françoise Héritier, la définition de la consanguinité est au premier chef une affaire de choix et de reconnaissance sociale. De même que pour les critères qui définissent l'inceste, qui mettent en jeu « ce qu'il y a de plus fondamental dans les sociétés humaines : la façon dont elles construisent leurs catégories de l'identique et du différent[40] ».

Il s'agit d'abord d'un repérage symbolique. Il s'agit de différencier l'identique et le différent. Cette opposition, pour Françoise Héritier, « est une des plus archaïques et profondes, en ce qu'elle procède de la différence des sexes[41] ». Il s'agit d'abord d'une grammaire faite d'oppositions, de différences pour permettre un repérage. On pourrait donc voir l'enjeu d'un système de parenté comme étant d'abord une façon de créer des différences. Des différences à décliner dans de multiples registres, dont des registres temporels. En tout cas, une façon, à partir de ces différences, de créer un récit par-delà le biologique, qui donne une place à l'enfant, qui lui permette de le situer par rapport à ce qui était et de devenir l'auteur de ce qui sera, de nouer antériorité et futur dans les défilés du futur antérieur.

Les malentendus de l'origine[42]

L'origine est indissociable du malentendu. Peut-on en effet savoir vraiment d'où l'on vient ? Pourquoi l'on est soi et pas quelqu'un d'autre ? Pourquoi maintenant et pas en un autre temps ? Pourquoi ici et pas ailleurs ? Cela aurait pu être un autre spermatozoïde, un autre ovule, un autre homme, une autre femme, une autre époque, une autre ville, un autre pays.

Qu'est-ce qui préside à une conception d'un enfant ? Bien sûr il y a le désir d'avoir un enfant, pour autant qu'il a été présent. C'est peut-être la principale dimension d'un possible accès à l'origine, plutôt que toute autre donnée. On ne peut en effet réduire l'origine à ses seules dimensions biologiques. Dans les situations de don de gamètes, la revendication d'un accès à l'origine ne peut être rabattue sur les seules données concernant les donneurs, comme si le désir des parents d'intention ne comptait que secondairement.

Le malentendu biologique

La question de l'origine est en effet trop souvent ramenée aujourd'hui aux seuls paramètres biologiques en jeu. La levée de l'anonymat peut-elle vraiment être considérée comme un accès aux origines ? Il ne s'agit pas de contester cette démarche devenue incontournable à l'époque de la généralisation du séquençage du génome. On ne peut pas tromper un sujet sur son origine biologique. En plus, avec la généralisation d'usage du séquençage à des fins récréatives, pour retrouver ses paramètres généalogiques, il devient de plus en plus possible de recouper des données et de pouvoir avoir un accès éventuel à ses vrais géniteurs. Est-ce que cela doit se faire au détriment des parents d'intention, qui ont transmis bien d'autres choses que les gènes, à des sujets qui sont plus que leurs gènes. La question est plutôt de savoir quel est le rapport entre l'origine et le spermatozoïde, entre l'origine et l'ovule ? Finalement, il n'y a rien de plus anonyme que des gamètes.

Désigner le donneur de spermatozoïde comme étant un père biologique introduit un malentendu sur la transmission. La transmission mobilise bien d'autres dimensions qui se situent aussi au-delà du biologique. Le père ne peut pas être ramené au spermatozoïde. De même, la mère ne peut être ramenée à l'ovule, ni aux conditions épigénétiques de la grossesse, même si celles-ci peuvent compter tout autant que ce que déterminent les gènes des gamètes en jeu. Les repères de la transmission dépassent ces dimensions. Ils sont multiples, et un seul réductionnisme biologique les appauvrit. On est bien plus que nos gènes. On est aussi plus que nos empreintes épigénétiques.

Ainsi, la levée de l'anonymat des donneurs ou des donneuses ne livre pas le mystère de l'origine. Bien sûr il y a ce qui se donne à travers un don de gamètes. Mais les gamètes ne donnent pas tout. Rabattre l'origine sur les gamètes fait basculer en plein malentendu, en faisant passer au second plan le projet de ceux qui ont décidé d'en passer par un don, en effaçant leur désir, leur histoire, leur intention. Sans compter le fait que, quel que soit le mode d'origine, reste à l'enfant de pouvoir adopter son origine, ce qui passe aussi par le fait d'être l'adopté d'un désir, pour autant qu'il y est.

Le rabattement sur le biologique fait partie de l'époque contemporaine. Que le biologique soit devenu le repère de la procréation et de la filiation est devenu la source des malentendus contemporains de l'origine et de la filiation. Le fait que le biologique occupe autant de place dans la façon de concevoir un enfant puis dans la représentation de l'origine, de la transmission, de la filiation et de la généalogie est à la base de crises complexes par rapport aux usages des dons de gamètes. Ramener l'origine aux seules dimensions biologiques[43] vient boucher par une seule réponse la question énigmatique de la fabrication de la vie, plutôt que de la laisser ouverte pour chacun, y compris pour ceux issus d'une procréation médicalement assistée. Quoi qu'il en soit, les repères, imaginaires, symboliques et réels de l'origine sont multiples, de même pour ceux de la transmission : on comprend à quel point ils peuvent être la source infinie de malentendus.

Hasard et intention

Y a-t-il vraiment une intention en jeu dans l'origine ? Mais jusqu'où va l'intention ? L'origine est finalement le fait d'une infinité de hasards, même si on peut rétrospectivement en faire des nécessités. Que peut-on savoir de l'intention de ceux qui ont participé, de génération en génération, à notre venue au monde ? Qu'est-ce qui a fait qu'on soit là ? Y avait-il vraiment le projet qu'on soit là ?

Que fait-on de son origine, que fait-on du fait d'être là ? Tout dépend de ce que le sujet fera, plutôt que de comment il a été fait. Ainsi, l'origine est aussi à venir. Elle se rejoue dans l'après-coup, dans le tourbillon du devenir, comme le disait Walter Benjamin : « L'origine ne désigne pas le devenir de ce qui est né, mais le tourbillon de ce qui est en train de naître dans le devenir[44]. »

Quelles sont les conditions d'un devenir possible ? Certainement de ne pas être ramené à une vision unidimensionnelle de l'origine. Le devenir est paradoxalement rendu possible par le fait que la question de l'origine est impossible à résoudre. D'où vient vraiment cet enfant ? Cette question reste irréductiblement sans réponse, si on la pose dans des paramètres plus larges que factuels. Elle confronte inévitablement à un réel insaisissable, qui se révèle effectivement propice à tous les malentendus. Les questionnements sur l'origine sont en effet logiquement infinis, du fait que l'origine ramène à un réel qui s'éloigne d'autant plus qu'on essaie de l'approcher. Finalement, il n'y a plus d'autres réponses que celles que chacun finalement s'invente. On peut en effet aborder une question insoluble par une construction imaginaire. On peut boucher la béance qu'elle implique par un fantasme. Lacan pose très clairement le rapport du réel au fantasme : « C'est par apport au réel que fonctionne le plan du fantasme. Le réel supporte le fantasme, le fantasme protège le réel[45]. » Avec le réel, le fantasme inclut aussi l'angoisse : le réel et l'angoisse sont inclus dans le scénario du fantasme, à la fois traités par celui-ci tout en pouvant être remis en jeu. Ce qui n'est pas sans vertiges[46], ni sans malentendus.

Tous malentendus

Pour Lacan, le malentendu est de naissance : « Tous autant que vous êtes, qu'êtes-vous d'autre que des malentendus[47] ? » Le malentendu est d'origine. Il pourrait même être vu comme une version de l'origine. Lacan en fait sa version du traumatisme de la naissance : « De traumatisme, il n'y en a pas d'autre : l'homme naît malentendu[48]. » Reste au sujet de construire ses propres réponses face au malentendu, c'est-à-dire face au réel de son origine. Mais le malentendu ne se limite pas à la naissance. Il est déjà là dans ce qui précède : « Le malentendu est déjà d'avant[49] », écrit encore Lacan. Le sujet fait partie du « bafouillage » de ses ascendants, c'est dire aussi qu'il en fait part et qu'il le transmet à son tour.

S'il y a un destin, c'est donc aussi celui du malentendu, même si on ne veut rien en savoir, peut-être d'autant plus si on ne veut rien en savoir. Comme le relevait déjà Montaigne, on peut craindre la mort, mais bizarrement on ne réagit pas au fait de n'avoir pas vécu précédemment : « Il est donc aussi fou de pleurer parce que nous ne vivrons pas dans cent ans que de pleurer parce que nous ne vivions pas il y a cent ans[50]. » La peur de la mort cache la question de l'origine, c'est-à-dire aussi de la contingence qui fait qu'on surgisse, malentendu, de façon aléatoire, à un moment donné du temps.

Technologies du malentendu

Les biotechnologies introduisent l'illusion de pouvoir maîtriser l'origine. Que ce soit à travers une conception médicalement assistée qui, du fait de disjoindre la procréation de la sexualité, permet de réaliser une conception qui échappe au hasard introduit par l'aléatoire sexuel. En effet, le fait de réaliser une procréation médicalement assistée permet d'associer procréation et prédiction. À travers des démarches prédictives, l'origine peut être programmée. À l'ère du séquençage du génome, aujourd'hui de plus en plus accessible, on peut être tenté d'associer prédiction et procréation : du diagnostic préconceptionnel aux stratégies du diagnostic préimplantatoire pour ce qui se situe en amont de la conception ou de l'implantation. Et bien sûr aussi du diagnostic prénatal qui confronte par contre au choix de poursuivre ou non la grossesse, posant la question de ce qui est sacrifiable[51] quant à l'origine. Au sacrifiable, on peut aujourd'hui opposer le modifiable : une origine modifiée par l'usage des ciseaux génétiques CRISPR-cas9, qui permettent d'intervenir directement sur le génome de façon ciblée.

À travers l'usage des biotechnologies, on pense pouvoir modifier le destin, le programmer. Là est potentiellement le malentendu : l'enfant ne sera évidemment pas tel qu'on a voulu le programmer dès l'origine. Il va devenir autre que ce qu'on avait imaginé. Les modifications des caractéristiques d'un organisme ne préjugent en rien de quel sujet va s'en déduire. Quoi qu'il en soit, on ne peut faire de l'origine un destin.

La volonté de maîtrise de l'origine peut fait aller vers une nouvelle version du traumatisme de la naissance – un traumatisme paradoxal issu du fait d'être programmé idéal, d'être désiré parfait, rejoignant l'énoncé paradoxal de Lacan : « Il n'y a pas d'autre traumatisme de la naissance que de naître comme désiré[52]. » Paradoxal parce qu'on sait qu'une autre version de ce traumatisme est de n'être pas désiré, comme le pointe aussi Lacan à propos de « l'irrésistible pente au suicide » des enfants plus ou moins caractérisés par le fait d'avoir été non désirés[53]. Des enfants qui essaient d'échapper à ce rejet à travers une vocation à se faire disparaître, de se donner une origine dans la disparition.

Quoi qu'il en soit, désiré à tout prix ou non désiré, conçu de façon artificielle ou issu de façon non prévue d'une aventure sexuelle, livré au hasard génétique ou programmé, l'enfant dans son devenir finit inévitablement par s'échapper de ce qui était, y compris de ce qu'on pensait maîtriser. Mais il n'échappe pas au malentendu, au malentendu qui était déjà là, présent dans les générations antérieures, dans les projets conscients ou inconscients de ses géniteurs, des contextes propres à la société dans laquelle il vient au monde. Son corps lui-même peut faire son apparition dans le réel comme malentendu – comme l'énonce Lacan : « Votre corps est le fruit d'une lignée dont une bonne part de vos malheurs tient à ce que déjà elle nageait dans le malentendu tant qu'elle pouvait. C'est ce qu'elle vous a transmis en vous "donnant la vie", comme on dit[54]. » Le passé et ses malentendus s'imposent, mais l'avenir reste ouvert, peut-être grâce au malentendu. Une fois de plus, tel pourrait être l'enjeu paradoxal du malentendu.

Le malentendu de Frankenstein

Mais cette ouverture n'est pas toujours présente. Il y a des devenirs ouverts et des devenirs fermés. Parfois le malentendu contraint en excès le devenir. C'est la leçon de ce qui arrive à la créature réalisée par Victor Frankenstein, ce Prométhée moderne, comme le qualifie Mary Shelley dès le titre de son roman. Annonciateur des biotechnologies contemporaines, ce médecin de Genève pense avoir découvert le mystère de la vie, « la cause de la génération et de la vie[55] », réussissant à introduire « l'étincelle de vie[56] » dans la matière inerte laissée par la mort, capable par cette voie de créer la vie sans passer par la sexualité et la génération.

Face à la créature qu'il vient de fabriquer, Frankenstein est pris par l'effroi. C'est sa première réaction. Il est saisi par l'horreur, envahi par le dégoût : « Je vis s'ouvrir l'œil jaune et vitreux de cet être. Sa poitrine se soulever et il commença à respirer péniblement. Brusquement un mouvement convulsif agita ses membres[57]. » Et que fait Victor Frankenstein, le créateur ? Il prend la fuite, terrifié par le produit de son acte, terrifié par le malentendu qu'il a généré : « La beauté de mon rêve s'évanouissait, et l'horreur et le dégoût remplissaient mon cœur. Incapable de supporter la vue de cet être que j'avais créé, je me précipitai hors de la pièce… je tentais de fuir le misérable, dont je craignais la rencontre à chaque coin de rue[58]. » Le malentendu est présent d'emblée, dans l'acte créateur lui-même. Victor Frankenstein abandonne sa créature, la laisse sans nom, sans histoire, dans l'anonymat le plus absolu, directement adulte, sans éducation, sans transmission, sans un point d'où il puisse d'une quelconque façon se voir aimable[59].

C'est un des messages du roman de Mary Shelley : pour aller au-delà de sa solitude, le soi-disant monstre, rejeté par son créateur, tente de s'éduquer tout seul, à partir de ses sensations, application romanesque des thèses de Condillac et des sensualistes, rejoignant le destin des enfants abandonnés à la nature, sans l'appui d'un autre. Au-delà des malentendus en série qui ont accompagné sa fabrication, il tente de récupérer dans l'après-coup ce qui ne lui a pas été donné au bon moment, par le fait que son créateur a fui sa responsabilité face à sa créature.

Mais il ne pourra s'humaniser tout seul. Ou tout au moins n'a-t-il rencontré que la face destructrice de l'humain. Finalement, de malentendu en malentendu, de destruction en destruction, la créature de Victor Frankenstein finira par se détruire elle-même en s'immolant sur un bûcher, sur les glaces du pôle. « Mon esprit dormira en paix, ou, s'il pense, il ne pensera sûrement pas ainsi. Adieu » : ce sont les dernières paroles de la créature qui disparaît pour échapper au malentendu tragique qui a marqué son origine, sa condition d'avoir été créé à partir de la mort, sans avoir été procréé, mais pour échapper aussi à sa solitude à la suite de la mort de son créateur.

Au-delà de son issue tragique, l'hubris de Victor Frankenstein est-elle aujourd'hui toujours à l'œuvre ? Ira-t-on jusqu'à fabriquer le vivant à partir de cellules souches de la peau reprogrammées, ou à partir de gamètes totalement artificiels ? Ou ira-t-on vers les tentatives de se recréer en s'augmentant, en se greffant sur l'artificiel, en se mutant en chimère, en devenant cyborg, comme le proposent les stratégies du transhumanisme.

Toutes ces démarches ne procèdent-elles pas du même malentendu : un malentendu sur l'origine – une origine prise dans la mort, à laquelle on voudrait échapper ? N'est-ce pas cela, la source du malentendu ? Le fait que la mort soit là dès l'origine, une mort qui porte la vie mais qui aussi l'emporte, qui lui met un terme[60]. On peut faire retour à Montaigne citant Manilius : « En naissant, nous mourrons ; la fin vient au début », ou Sénèque : « La première heure, en la donnant entame la vie[61]. » Ce malentendu ne cesse de tourmenter chacun : « La fin est dans le commencement », comme le dit Beckett[62]. La mort insiste dès l'origine : tel est le malentendu de l'origine, le malentendu de la vie. Et les biotechnologies sont bel et bien convoquées pour y échapper. Cela ne les empêche pas de porter la marque de la mort qu'on leur demande de contourner.

Le malentendu de l'Autre

Qui est-on ? Qui est l'Autre ? Qui est cet autre dont on provient ? Un parent, un donneur de gamète, un dispositif artificiel : ce n'est pas le même autre, ce n'est pas le même type de dette quant à la vie qu'on nous a donnée, qu'on a reçue[63]. Entre l'origine biologique et l'histoire se joue toujours le risque de congédier ceux qui sont là autour de soi, soudain devenus des étrangers. Comme dans le cas de l'adoption, les parents adoptifs peuvent faire l'objet d'un rejet de la part de l'enfant qu'ils ont accueilli. Ou c'est l'enfant adopté qui peut être l'objet d'un rejet par ses parents adoptifs. De même dans les situations de don de spermatozoïde ou de don d'ovule : le donneur peut se trouver investi, les parents d'intention peuvent être vus comme des étrangers.

La quête de l'origine peut déboucher sur le malentendu. Elle peut instaurer une méprise, construire un partage entre soi et l'étranger. L'origine dessine des frontières, là où on n'y est pour rien, là où il n'y a que l'étrangeté pour soi de son origine : une étrangeté qu'on porte en soi.

N'est-ce pas ce qu'on rencontre dans la confrontation à l'étranger, voire au rejet de l'étranger ? L'origine peut devenir exclusive. Elle peut exclure l'Autre. Elle peut même devenir destructrice dès lors qu'elle s'essentialise. La question de l'origine distinguant soi et l'Autre institue l'étranger, parfois pour le rejeter, pour le détruire.

On peut en effet être tenté de boucher la question de l'origine, de l'énigme de sa venue au monde par une solution toute faite, une solution prêt-à-porter, comme celle qu'offre l'identité. L'identité à la place de l'origine. Le malentendu de l'origine devient le malentendu de l'identité. L'identité remplace du même coup le sujet, elle se substitue à sa singularité, à son côté unique, différent et irremplaçable. Tel est le piège de l'identité, qui peut aller jusqu'aux conflits des identités, au choc des identités. L'identité n'est finalement qu'une construction pour traiter un non-sens, mais elle peut devenir un facteur de rejet, d'exil. Aujourd'hui le monde est immergé dans la problématique de l'identité. Qu'il s'agisse d'identités religieuses, d'identités terroristes, d'identités fanatiques mais aussi d'identités xénophobes, d'identités racistes. Il peut y avoir des identités constituantes mais elles peuvent devenir rejetantes, allant vers une confrontation destructrice des identités. Des identités qui viennent à s'opposer, à entrer en lutte, entre ce qui est semblable et différent.

Au bout du malentendu de l'origine vient donc le risque du malentendu de l'identité. L'identité peut devenir un facteur de destruction. Comme l'énonçait Freud, l'homme se sauve en détruisant l'Autre : c'est la thèse au centre du texte de Freud en réponse à la question d'Einstein « Pourquoi la guerre ? » en 1932 : « L'être vivant préserve pour ainsi dire sa propre vie en détruisant celle d'autrui[64]. » Tel pourrait être un destin de mort du malentendu de l'origine lorsqu'il se prend au piège de l'identité.

Vers une issue

Mais au malentendu de l'origine n'est pas toujours réservé un destin si fatal. Le malentendu peut aussi aller vers une issue. On pourrait ainsi distinguer un destin de vie et un destin de mort du malentendu. Paradoxalement, l'issue passe aussi par le malentendu. Un malentendu non pas avec l'Autre mais plutôt la reconnaissance d'un malentendu avec soi-même. Un malentendu en soi. Une séparation en soi : que chacun puisse trouver le point de détail, le point de surprise, le point d'étonnement, le point d'énigme, qui le fait unique et différent. Cela passe par le fait de réaliser que le malentendu est en soi. Réaliser qu'il y a une extériorité intime à soi, une part de soi qui nous échappe. C'est ce que Lacan appelait une *extimité :* une part de soi inconnue au cœur de soi[65]. Lorsqu'on essaie de saisir ce qui nous arrive, il y a toujours un reste, une part qui échappe, une part qui est indicible. Lacan parle aussi d'une « vacuole[66] », d'une béance au noyau de l'être, d'un trou qui vient décompléter le fait d'être ce qu'on pense être soi, aussi bien que le fait de supposer l'Autre semblable à soi.

L'issue vient donc paradoxalement de la séparation, d'une séparation d'avec soi, d'une séparation d'avec l'origine. On ne peut advenir que de ce qui était, mais, pour advenir, on ne peut rester collé à ce qui était, collé à l'origine. C'est la séparation qui permet d'advenir comme sujet, mais qui permet aussi de rencontrer l'Autre par-delà les origines de chacun. Une séparation d'avec soi-même pour rencontrer l'Autre : telle serait la voie du malentendu de vie qui s'oppose au malentendu de mort, caractérisé par le fait que l'identité est venue prendre la place de la béance de l'origine.

Il s'agit donc de faire avec le malentendu de l'origine – faire avec le malentendu pour ouvrir la voie des possibles. C'est ce que Lacan avançait à propos de la psychanalyse face au malentendu : « Quant à la psychanalyse, son exploit, c'est d'exploiter le malentendu[67]. » Se servir du malentendu pour permettre à chacun de se faire l'interprète de son désir d'exister, au-delà de son origine, au-delà de la contingence qui a présidé à sa venue au monde

Défis contemporains des biotechnologies de la procréation[68]

Nous sommes entrés dans une époque marquée par des vertiges technologiques[69]. Pour poser le cadre de façon globale, on pourrait distinguer les vertiges de la science des vertiges technologiques. Les développements des sciences aboutissent à des savoirs nouveaux qui peuvent fasciner et ouvrir au vertige des possibles. Les technologies qui en résultent débouchent sur des situations inédites. On peut intervenir sur la réalité mais sans mesurer les conséquences qui peuvent en résulter. Si, du côté de la science, on débouche sur la production de savoirs, on aurait du côté de leurs applications technologiques une production paradoxale de non-savoir.

C'est ainsi qu'on fait face en effet aujourd'hui à des possibilités nouvelles de disruptions majeures dans la procréation, le genre et la filiation[70]. En découlent effectivement des changements qui vont plus vite que notre capacité à les suivre. Que le curseur du symbolique coure plus vite que nous ne veut pas forcément dire qu'il y ait une crise du symbolique. Un monde s'invente. Reste à le découvrir.

Peut-on penser le contemporain[71] ? Peut-on vraiment accéder au temps qu'on vit ? Peut-être ne réalisera-t-on ce qui est en train de se jouer que dans l'après-coup. Pour Nietzsche, le contemporain, c'est l'inactuel : un inactuel qu'il aborde aussi de façon positive, à travers ce qu'il désigne comme des « découvertes inactuelles[72] ». On ne peut penser le contemporain à partir de la tyrannie du passé, ni à partir d'un avenir qui n'est pas encore. Quoi qu'il en soit, le rapport au présent quant aux biotechnologies est pris dans une double tension : entre d'un côté des « technoprophètes » et de l'autre des « biocatastrophistes »[73] – des positionnements extrêmes face à la question de savoir ce que l'on peut faire de ce qui est désormais rendu possible par les développements des biotechnologies.

Au-delà du biologique

Les biotechnologies permettent d'aller au-delà du biologique, de dépasser ses contraintes. À travers les biotechnologies, par leurs interventions, il est possible d'introduire des disjonctions par rapport à ce que le biologique impose, tant entre sexualité et procréation qu'entre procréation et gestation, ou entre origine et filiation. Un enfant pourrait être issu d'un don de sperme, d'un don d'ovule et d'une gestation par autrui : il n'aurait ainsi plus aucun lien biologique avec ses parents d'intention. On peut en effet fabriquer un enfant en court-circuitant complètement le biologique, dès la conception[74], en allant vers de nouvelles filiations et de nouvelles parentalités qui s'établissent au-delà du biologique. Ce qui ne va pas sans toucher aussi aux fondements anthropologiques de la société, d'où certainement la passion, voire la violence, des débats sociétaux ou politiques autour de ces nouvelles pratiques.

Pour un abord clinique

Dans la clinique, les choses se jouent différemment. Elles sont à aborder à partir de la particularité de chaque sujet, un par un, sans *a priori*[75]. Pour accéder à la singularité, il s'agit en effet de se décaler des débats sociétaux, de prendre les choses autrement. Ce qui passe certainement aussi par le fait d'anticiper un monde différent, en évitant de se glisser sur une pente conservatrice. Il s'agit d'abord d'accompagner la façon dont chaque sujet compose sa vie, en faisant face au réel : que ce soit le réel mis en jeu par la question de l'origine[76], au centre des biotechnologies de la procréation ; le réel sexuel[77], en jeu dans les interventions sur le genre ; ou le réel de la mort, auquel touchent les stratégies de la prédiction. L'origine, le sexuel et la mort : il s'agit en effet de trois champs où le sujet se confronte au réel, où le réel fait effraction, un réel impensable, insaisissable mais auquel il ne peut se soustraire.

D'où les trois grands vertiges : le vertige de l'origine, le vertige de la différence et le vertige du devenir. Le vertige, en montagne, c'est ce qui angoisse mais aussi ce qui attire. C'est bien ce qui se produit dans le rapport aux biotechnologies, qui fascinent en même temps qu'elles amènent au bord du gouffre d'un avenir qu'on ne maîtrise pas – même s'il pense procéder d'une maîtrise nouvelle de la réalité de la procréation, du maniement de la différence sexuelle ou de la prédiction.

Pour aller au-delà de la fascination, autant que de la sidération face au nouveau, il faut savoir se décoller de son époque.

Il faut penser en se décalant, pour trouver des réponses nouvelles, à partir des ténèbres du présent : « Le contemporain est celui qui sait voir cette obscurité, qui est en mesure d'écrire en trempant sa plume dans les ténèbres du présent[78]. »

Spirale entre fantasmes et biotechnologies

Se décaler implique de rencontrer aussi le monde fantasmatique, de le mettre en jeu, au présent, de lui donner un rôle dans le contemporain technologique. Les biotechnologies débouchent sur une réalité inédite, décalée par rapport à ce que l'on connaissait jusque-là. Cette réalité nouvelle se révèle difficile à penser, on n'en mesure pas les conséquences, provoquant ainsi le vertige. Plus elle est présente, moins on peut se la représenter : ce qui se présente n'est pas représentable. Au point de déclencher le vertige, c'est-à-dire aussi un point panique, comme le dit Lacan[79] : une panique individuelle qui peut prendre aussi toute la société. Témoin les débats qui agitent les commissions d'éthique, qui deviennent tant les observatoires de la perplexité contemporaine que des angoisses contemporaines.

On pourrait dire que, paradoxalement, les possibles ouverts par les biotechnologies débouchent sur un impossible. Un impossible à saisir de quoi il s'agit. Essayons de définir comment surgit cet impossible. Du fait que la réalité fabriquée par les biotechnologies résiste à être saisie comme telle, s'y dévoile un réel qui fait effraction. De se trouver confronté au réel plonge dans l'angoisse : l'angoisse est en effet le signe du réel[80]. C'est ainsi que l'impensable généré par les biotechnologies débouche à la fois sur le réel et sur l'angoisse.

Le réel peut être traité en s'incluant dans un fantasme, dans le scénario d'un fantasme. Lacan pose très clairement le rapport du réel au fantasme : « C'est par apport au réel que fonctionne le plan du fantasme. Le réel supporte le fantasme, le fantasme protège le réel[81]. » Avec le réel, le fantasme inclut aussi l'angoisse : le réel et l'angoisse sont au noyau du scénario du fantasme. Le réel et l'angoisse sont à la fois traités par le fantasme tout en pouvant être remis en jeu par celui-ci s'il se trouve activé.

Ce qui est particulier avec les biotechnologies contemporaines, c'est ce que l'on pourrait désigner comme un mouvement d'entraînement en spirale entre biotechnologies et fantasmes. Les fantasmes peuvent se trouver réalisés par les biotechnologies. Ils peuvent même inspirer la créativité des fabrications technologiques. Le fantasme est devenu réalité, mais on peut se demander si la réalité elle-même n'est pas devenue fantasme[82]. Mais ce n'est pas sans angoisse. En effet, même si le fantasme peut donner concrètement à la réalité son cadre[83], il peut faire du même coup buter sur un réel impensable qu'il inclut. Ce réel peut s'en trouver dévoilé. Un réel qui déclenche l'angoisse, jusqu'à la panique. Peut-être que le réel en jeu va à son tour se retrouver traité dans un nouveau fantasme – celui-ci peut amener la science à imaginer de nouvelles techniques, qui permettent de réaliser ces nouveaux scénarios fantasmatiques. Et ainsi de suite, jusqu'à l'infini : mais, si tout cela se joue sans mettre de limite à l'impossible, on pourrait basculer du même coup dans une panique sans limite.

Le possible doit-il devenir un droit ? Cette question, pour être pensée, passe parallèlement par la question du désir : elle nécessite de se demander si les désirs peuvent devenir des droits. Mais le désir vise aussi l'impossible. D'où la vraie question au bout de la chaîne, qui est celle de savoir si l'impossible doit devenir un droit !

Nouvelles pratiques

Revenons aux pratiques nouvelles quant aux procréations, au genre et à la prédiction.

Pour ce qui concerne la procréation, des technologies existent, qui avaient été développées pour le traitement de la stérilité. Le défi aujourd'hui est lié à leurs nouveaux usages, pour des demandes sociétales : pour des couples de femmes, des femmes seules, des couples d'hommes, des hommes seuls, des transsexuels.

Un lien peut s'établir entre procréation et prédiction. L'usage sociétal des procréations assistées peut progressivement généraliser la médicalisation de la procréation, voire la banaliser. D'où un possible usage des procréations médicalement assistées à des fins de prédiction. On pourrait même imaginer que les futurs marginaux pourraient paradoxalement devenir les hétérosexuels qui deviendraient les derniers à pouvoir procréer sans assistance médicale, et donc sans un possible lien entre prédiction et procréation ! Avec le séquençage du génome, la possibilité de bilans préconceptionnels entre en jeu : déterminer les risques, miser sur les potentialités – le patrimoine génétique pourrait prendre la place des autres formes de patrimoines et entrer en jeu vers des nouveaux modes d'alliance. Le lien entre prédiction et procréation pourrait aussi mettre en danger le système de santé, qui repose justement sur un non-savoir qui permet la solidarité et la réciprocité. Face au fait que personne ne sait ce qui pourrait lui arriver, chacun est d'accord de payer pour tous. Dès lors qu'on sait par le fait de la prédiction, une stratification s'installe, avec des effets de ségrégation, en tout cas une distinction entre « eux et nous », faisant éclater les systèmes de santé – donc des changements qui vont bien au-delà des demandes sociétales de procréation.

Les technologies contemporaines permettent encore d'agir sur le genre, grâce aux hormonothérapies et aux progrès de la chirurgie plastique. On peut aussi conserver les gamètes au-delà du changement de genre, par les possibilités de la cryoconservation ou de la vitrification. Ainsi, un homme devenu femme, qui a conservé ses spermatozoïdes, peut procréer. Il pourrait ensuite réclamer d'être reconnu comme père en tant que femme. Une femme devenue homme pourrait de même utiliser ses ovocytes vitrifiés et demander à être reconnue comme mère, d'autant plus si elle a porté l'enfant dans l'utérus qu'elle aurait conservé malgré le changement de genre – comme cela a d'ailleurs déjà été le cas du fameux Thomas Beatie, un trans assigné fille à la naissance, qui dans sa transition a conservé son utérus et a ensuite porté et donné naissance à ses trois enfants. On peut ainsi avoir des pères qui sont des femmes ou des mères qui sont des hommes, bouleversant les repères à travers des maniements nouveaux de la différence des sexes rendus possibles par les biotechnologies.

Une fois de plus, on réalise à quel point les biotechnologies permettent de réaliser concrètement, dans la réalité, ce qui était imaginé jusqu'ici à travers des scénarios fantasmatiques. La technique permet de les réaliser concrètement dans le corps, même si on n'en mesure pas encore les effets, chacun étant encore trop pris par la « captation… par la situation[84] ». Nous sommes en effet captés par ce qui est devenu possible, dépassés par le tourbillon du nouveau, sans vraiment de recul.

Les discours sont passionnés, pris par les certitudes, tant du côté de ceux qui s'y lancent que du côté de ceux qui résistent. On est encore au moment de se demander ce qui est en train de se passer, ce que tout cela signifie, vers où on va, comment le penser.

C'est pour cela que, dans la clinique, s'agit d'abord de passer par l'éthique d'une clinique sans *a priori*. Comme clinicien, il s'agit d'abord de s'orienter à partir de ce que nous révèlent ceux qui se lancent dans ces pratiques. Ce sont ceux qu'on reçoit qui nous enseignent : ceux qui empruntent les nouvelles voies de la procréation, ceux qui agissent sur leur genre, bigenres, genres fluides, agenres… qui bousculent les repères habituels de la différence des sexes.

Quoi qu'il en soit, nous sommes à une époque où les revendications identitaires occupent le devant de la scène. Avec ceux aussi qui réclament une identité nouvelle, autre que la leur. Les problématiques de l'identité peuvent aller jusqu'à la radicalisation. Se donner une identité, c'est aussi se refonder, se redonner une origine – se donner des racines, les retrouver ou en fonder de nouvelles. Et avec les racines vient le risque de radicalisation, au sens propre étymologique du terme. La demande aux biotechnologies peut aussi se radicaliser. De même que leur usage.

Cela est d'autant plus présent que les biotechnologies permettent une disjonction totale entre nature et culture. Plus exactement un impact de la culture sur la nature. Un impact d'une position subjective sur le corps, d'une conviction, qui se trouve réalisé concrètement par les biotechnologies. Les technologies permettent en effet de forcer la nature, amenant à une section entre la libido et la nature, qui réalise une possible connexion entre la libido et la culture[85]. En touchant au sexe, à la procréation, au genre, à la sexualité, on touche aussi au langage. Le rapport des mots aux choses ne fonctionne plus comme avant, montrant le non-rapport en jeu – le non-rapport sexuel, c'est-à-dire le fait qu'il n'y a pas de formule de la sexualité, et du coup pas non plus du genre et de la généalogie. Comme on l'a vu, des femmes sont des pères, des hommes peuvent être des mères, on se perd dans la façon de croiser identité et sexualité, comme cette patiente au projet transgenre qui me dit être tombée amoureuse d'un transsexuel asexuel. À quand un agenre amoureux d'un asexuel ? Un nouveau type de malentendu ! En tout cas, les reconfigurations en cours des liens entre la libido et la nature, la nature et la culture, l'intime et le politique ne sont pas sans malentendus – des reconfigurations face auxquelles on peut rester perplexe.

La plupart des sujets admettent leur origine, leur genre. Ils ne se posent pas la question de leur origine, de ce qui les a précédés. D'autres cependant le savent, ils sont conscients d'un malaise, jusqu'à vivre un malaise dans leur peau. Ils refusent leur genre, ils veulent changer le donné de leur origine, ils veulent maîtriser leur descendance, se reproduire autrement, que la reproduction soit la production d'un nouveau et non la reconduction de ce qui était. Les nécessités imposées par l'origine leur sont insupportables. Finalement, on pourrait dire qu'ils savent quelque chose que la plupart ne savent pas, et ils souffrent de ce savoir. Ils n'admettent pas leur origine ni leur genre comme des données. Ils veulent les transformer, agir eux-mêmes sur ce qui leur est imposé. Ils veulent avoir la maîtrise de leur origine, se refaire autrement, intervenir sur leur passé, transformer leur corps, se donner un corps qui corresponde à ce qu'ils pensent être, se donner un nouveau corps, un nouveau nom, une nouvelle origine, se donner la possibilité d'une procréation, se donner ce qu'ils décident pour devenir autre que soi, pour se refaire différemment. Le sujet qui entre dans une démarche transgenre a l'idée qu'il va renaître de lui-même, qu'il va devenir la cause de lui-même, sa propre cause. S'agit-il d'une liberté nouvelle, ou d'un asservissement à soi, à ce que le sujet s'impose, ou à ce que lui impose sa jouissance ? Telle est la question sur laquelle on bute inévitablement dans la clinique avec ceux qui font usage des biotechnologies pour s'affranchir de la nature, pour s'en servir afin de trouver une voie différente au-delà de ce qu'elle impose.

Au-delà de l'hubris

Y a-t-il une sorte d'hubris contemporaine dans ce que rendent possible les biotechnologies ? Est-ce que ce qui est possible doit forcément être fait ? Aller dans ce sens, est-ce aller vers la démesure, une démesure technologique qui serait une nouvelle forme de folie ? Lacan disait du fou que c'est l'homme libre – « le fou est véritablement l'être libre… disons qu'il a sa cause dans sa poche, c'est pour cela qu'il est libre[86] ». Ayant sa cause dans sa poche, il a aussi sa jouissance dans sa poche. Une jouissance mise en jeu à travers l'usage des biotechnologies.

On voudrait ne pas tomber dans une telle vision catastrophiste. Ne pas l'adopter pour aborder la question de l'impact des biotechnologies. Voir au contraire leur usage comme une tentative de trouver une solution face au malentendu. Même si c'est une solution hors norme par rapport aux normes actuelles, c'est le témoignage d'un monde qui change, d'un monde différent qui apparaît, qui n'est plus celui qu'on connaît, qui n'est plus celui qui nous a précédé. Un monde encore à venir qu'il s'agit de découvrir, même s'il nous déboussole. Quelque chose nous dépasse, et on est toujours en retard. Il y a une difficulté à le nommer, le penser, pourtant il faut savoir entendre celui qui dit qu'il est autre que celui qu'il est, qu'il n'est pas celui qu'on pense qu'il est.

Ces sujets, qui font appel aux biotechnologies, prennent possession du malaise en devenant actifs, en le mettant sens dessus dessous. Et, du coup, ils nous disent quelque chose sur les repères fondamentaux qui nous constituent. Le réel est ce qui est impossible à supporter. Ils témoignent face au réel d'une créativité impressionnante. Ne cherchent-ils pas d'abord à faire de leur vie une œuvre[87], pris par la passion de s'inventer, par la passion de devenir un autre, tout en ayant l'impression de devenir enfin soi ?

Par rapport au malaise, chacun cherche sa solution. Pour aborder une telle clinique, il faut se défaire de la logique de la cause déterminante pour aller vers l'idée de la solution. À chacun sa solution, à chacun sa tentative de résolution des trois vertiges auxquels nous avons tous affaire. Ce sont des solutions, non des problèmes : des solutions qui protègent ces sujets d'un réel impossible à supporter. En cela, ce sont des inventions qu'on doit respecter.

La question reste de savoir comment permettre qu'une solution ne nuise pas trop à celui qui l'adopte. On peut peut-être trouver le moyen de solutions moins coûteuses. C'est ce qui doit orienter les sujets pris par les perspectives des possibles ouverts par les biotechnologies. Mais l'enjeu est de ne pas se laisser prendre par le discours commun. Il y a une dialectique à trouver, entre accompagner et ne pas nuire.

Il y a une exigence pour les cliniciens à ne pas se laisser à leur tour capter par la situation. Il y a des gens prêts à sacrifier leurs corps pour une image. Face à cela, il ne faut pas être comme Narcisse qui se précipite dans son image. Il faut aussi s'ouvrir aux petits détails de la clinique, des choses à côté qui nous permettent d'aller au-delà de l'image en jeu, de trouer l'image, de se libérer de sa captation destructrice.

Il y a un risque essentialiste aujourd'hui, fondé sur une détresse, que l'image vient boucher. Jusqu'au radicalisme. Y compris le radicalisme biotechnologique. Qui comme tout radicalisme est une négation du sujet par lui-même, sa destruction par l'image, sa destruction par l'identité. Le sujet radicalisé est toujours à risque de se nier en s'affirmant, à travers la position de radicalité essentialiste, qu'elle soit idéologique ou biotechnologique.

Nous, les cliniciens, notre rôle est de retrouver le sujet. Non seulement accompagner sa solution sinthomatique, mais la faciliter, loin de tout *a priori*, qu'il soit positif ou négatif, loin des raisonnements déjà faits. Il faut aller vers une clinique nouvelle, orientée par le réel et par les solutions sinthomatiques du sujet face au réel. Selon la façon dont ils sont reçus, les passages à l'acte peuvent devenir des actes de passage, à visée libératrice. Permettre que le sujet crée ses propres réponses, puisse réaliser sa métamorphose qui lui rende supportable l'insupportable sur lequel il se fonde et à partir duquel il s'agit pour lui d'advenir. S'il y a une voie pour la psychanalyse, c'est d'ouvrir la voie aux solutions du sujet, de s'ouvrir au nouveau, au-delà du malaise. Telle serait l'issue au-delà de toute panique biotechnologique.

Concevoir un enfant demain[88]

Comment seront conçus les enfants demain ? De qui seront-ils issus, par quelle voie, à travers quel type de technique ? Qui présidera à leur conception ? Même si la question de savoir d'où viennent les enfants s'est posée de tout temps, elle prend une actualité nouvelle suite aux développements des biotechnologies de la procréation, au point qu'il n'est pas facile d'anticiper ce qu'il en sera demain. On peut se demander quelle forme prendra un projet d'enfant, quels nouveaux maniements de l'origine apparaîtront, quelles nouvelles anticipations de l'enfant s'imposeront ? Voudra-t-on dépasser le hasard dans la procréation ? Cette question est d'autant plus d'actualité par le fait des possibilités de prédictions de plus en plus précises par la voie du séquençage du génome de ses géniteurs. Mais sait-on vraiment ce que l'on prédit ? L'enfant n'advient-il pas aussi au-delà de ce qu'on pense savoir de ce qu'il deviendra, au-delà de toute prédiction[89] ?

Peut-on anticiper l'incidence à venir des biotechnologies sur la fabrication d'enfants[90] ? Par le fait de ces technologies, un monde nouveau s'invente, un monde inédit, dont on ne sait pas encore ce qu'il sera. Il s'agit donc de faire face à un défaut d'anticipation. Comment anticiper ce qui n'est pas encore anticipable, ce qui reste encore impensable ?

Droit à l'enfant, droit des enfants

Quelles seront les incidences des nouveaux modes de procréation sur l'enfant qui en sera issu ? La réalité de la procréation change actuellement plus vite que notre capacité à la suivre.

Les désirs sont sur le point de devenir des droits. Mais peut-on parler d'un droit à l'enfant ? Une telle idée fait immédiatement buter sur les conséquences qu'elle peut avoir quant au droit des enfants. Que deviennent les droits de l'enfant à l'ère d'une revendication d'un droit à l'enfant ? Le droit à l'enfant, à un enfant prédit, à un enfant à la carte, attendu selon certains critères : c'est certainement une revendication qui entraîne une question majeure quant au droit de l'enfant qui en sera issu. L'enfant ne s'inscrit pas que sous les auspices de l'idéal. Si on attend un enfant dans les repères de l'idéal, que deviendra l'enfant pulsionnel ? À l'ère des nouvelles biotechnologies, la perspective d'un droit à l'enfant peut-elle respecter les perspectives du droit de l'enfant ?

Le possible est-il toujours souhaitable ? Doit-il devenir un droit ? Cette question, pour être pensée, passe parallèlement par la question du désir : elle nécessite de se demander si les désirs peuvent devenir des droits. Mais le désir vise aussi l'impossible. D'où la vraie question au bout de la chaîne, qui est celle de savoir si l'impossible doit devenir lui-même un droit.

C'est autour de ce point que le droit à l'enfant peut venir annuler l'enfant lui-même : un désir d'être enceinte, un désir de devenir mère, un désir de devenir père, ne recouvrent pas toujours le désir d'avoir un enfant. À trop le vouloir, parfois le désir pour lui n'y est plus. Parfois l'enfant, tel qu'il est, tel qu'il se présente, ne remplit pas les critères de l'idéal fantasmé et peut s'en trouver rejeté, rejoignant les voies classiques de la nécessaire défense du droit des enfants.

Des parents d'intention peuvent rejeter l'enfant après une gestation pour autrui. Ou, à l'inverse, la femme ayant accompli la gestation peut vouloir le garder. Même si tout cela est encadré par des contrats, bordé par des lois, cela n'empêche pas que ce genre de problème survienne.

Même si cela ne se présente pas dans la réalité concrète, cela peut ressurgir dans l'investissement conscient ou inconscient de l'enfant, qui ne trouvera pas toujours la place qu'on aurait pu attendre, à la mesure de la volonté à tout prix d'avoir un enfant qui avait présidé à sa conception.

On trouve aussi des impasses de ce type dans des situations de double don – don de sperme et don d'ovocyte – où la mère d'intention peut se vivre comme n'étant pas la mère de l'enfant qui est issu de sa démarche, n'arrivant pas à construire un lien avec l'enfant, qu'elle désigne comme « le bébé », sans pouvoir se vivre comme sa mère. Cela peut être des passages momentanés, vite traversés, par le fait que l'enfant par sa présence, par son appel, peut-être aussi par des traits qu'il peut emprunter par identification à celle qui l'accueille, finira par créer un lien qui lui donne une place, sa place.

Faire face au monde qui s'invente

Être devenu capable d'intervenir sur la conception des enfants soulève des questions qui peuvent laisser perplexe. On les réfère aux comités d'éthique qui deviennent ainsi des observatoires de la perplexité contemporaine, voire de l'angoisse contemporaine face aux possibilités des biotechnologies. Celles-ci introduisent au vertige : le vertige, c'est ce qui angoisse, mais c'est aussi ce qui attire, ce qui renforce encore l'angoisse.

On pourrait dire que les possibles ouverts par les biotechnologies débouchent sur un impossible. Un impossible à saisir de quoi il s'agit. Pour aller au-delà de cet impossible, pour aller au-delà de la sidération face au nouveau, il faut savoir penser en se décalant, pour trouver des réponses nouvelles. Il s'agit d'aller au-delà des points de butée qu'implique inévitablement le nouveau : des butées qu'on pourrait dire logiques[91], au sens du logos, mis en défaut de dire ce qui se passe, d'arriver à le penser. Paradoxalement, de réaliser ce qu'on n'arrive pas à penser donne de l'espace pour trouver des réponses, pour inventer un monde qui s'invente : l'inventer à partir de l'enfant à venir, l'inventer en tenant compte d'abord de l'enfant, de son droit fondamental qui est le droit d'avoir une enfance, le droit d'être un enfant quel qu'ait été le mode de procréation dont il est issu.

Des géniteurs multiples

D'où viendront les enfants qu'on fera demain ? De qui seront-ils issus ? De quels géniteurs ? D'un homme et une femme ? D'un couple de femmes ou d'une femme seule, avec un don de sperme ? D'un couple d'hommes ou d'un homme seul, avec un don d'ovocyte et une gestation pour autrui ? D'un couple transgenre ? Ou sera-t-il l'enfant d'un couple d'asexuels à travers l'appui d'une assistance à la procréation ? Ceux qu'on désigne comme les parents d'intention vont prendre le dessus sur les parents qu'on dit parfois « biologiques », même si ce rapprochement sémantique est abusif.

Il est vrai qu'il peut y avoir aujourd'hui une multiplication des partenaires engagés dans la conception d'un enfant. Bien sûr, le père et la mère peuvent être les géniteurs : en cas d'infertilité, une procréation médicalement assistée autologue peut être réalisée, dans le couple, à travers une fécondation *in vitro* ou une injection intracytoplasmique de spermatozoïde. Par contre, les procréations hétérologues multiplient les partenaires : un donneur de sperme, une donneuse d'ovocyte, éventuellement encore la femme qui porte la grossesse en cas de gestation pour autrui, peuvent venir s'ajouter aux parents d'intention – qui parfois peuvent ne participer en rien ni à la fécondation ni à la gestation, dans le cas d'un double don, auquel peut s'ajouter une gestation pour autrui. Cela peut faire beaucoup de monde sur la photo de naissance, jusqu'à cinq personnes engagées dans la conception d'un enfant.

Lorsqu'il y a don, il y a deux questions à distinguer quant aux droits de l'enfant à connaître son origine. Il faut d'abord savoir si l'enfant est au courant du fait que sa conception est passée par une technique qui implique un don de gamètes, voire un don d'embryon. Ensuite se pose la question de savoir si un accès au donneur est rendu possible, ce qui n'est pas toujours le cas en fonction des législations en vigueur. Dans les pays qui ont introduit une levée de l'anonymat des donneurs, il y a une tendance à qualifier abusivement le donneur de sperme de père biologique. Or un donneur de sperme n'est pas un père. Connaître le donneur est une chose, mais cela ne peut pas être considéré comme un accès à l'origine. L'origine de l'enfant, c'est d'abord le désir des parents d'intention, leur projet d'avoir un enfant et de lui donner une place dans leur histoire. On ne peut ramener l'origine aux gamètes. D'ailleurs il n'y a finalement rien de plus anonyme qu'un spermatozoïde ou un ovocyte.

Dans les situations où un secret est maintenu sur la procréation ayant impliqué un don, l'effacement du donneur peut introduire un trouble que l'enfant est susceptible de ressentir même sans le savoir. On peut se demander à propos de tout secret si ce que l'on ne sait pas n'est pas paradoxalement plus déterminant que ce que l'on sait. Comme s'il y avait un impact d'un savoir qui ne se sait pas. L'effacement du donneur le rendrait-il paradoxalement plus présent, le secret aurait un impact à l'insu de chacun. C'est ainsi que le droit de savoir fait partie du droit des enfants en matière de procréation.

Le lien entre procréation et prédiction

Les demandes sociétales de nouveaux usages de l'assistance médicale à la procréation par rapport à des choix sexuels particuliers amènent à banaliser le fait de devoir passer par une aide technologique pour procréer. On assiste ainsi à un glissement progressif vers une médicalisation de la procréation. Un tel abord technologique de la procréation peut s'accompagner d'une tentation prédictive. Puisque la rencontre procréative se joue sur une scène technologique, entre un spermatozoïde et un ovocyte, peut-être bientôt entre des cellules souches de la peau reprogrammées pour être des gamètes, voire des cellules procréatives de synthèse, la tentation peut venir de prédire l'enfant, d'anticiper quel enfant sera issu de la rencontre des gamètes.

Ira-t-on jusqu'à ne plus vouloir laisser la procréation aux hasards des rencontres et de la conception ? Les futurs marginaux seront peut-être bientôt les hétérosexuels, qui peuvent procréer à leur gré, sans plus aucune préoccupation prédictive, sans chercher à limiter les risques. Quoi qu'il en soit, rien n'est plus contingent que la procréation : cela aurait pu être un autre homme, une autre femme, un autre spermatozoïde, un autre ovocyte, en un autre temps. Aurait pu en résulter un autre enfant. De vouloir maîtriser la procréation aboutit à ne plus supporter la contingence.

Le lien aujourd'hui possible entre procréation et prédiction peut déboucher sur un problème politique nouveau, qui touche au droit des enfants. Jusqu'à quand un enfant aura-t-il le droit d'être issu du hasard ? Jusqu'à quand pourra-t-on encore procréer sans démarche prédictive ? Le fait de disjoindre sexualité et procréation fait qu'on peut en effet de plus en plus conjoindre origine et filiation. Vu l'accessibilité du séquençage du génome, il est possible d'aller vers des *screenings* préconceptionnels pour détecter des gènes à risques et prédire ce qui peut en résulter pour la descendance. Le patrimoine génétique pourrait ainsi progressivement remplacer les formes classiques de patrimoines. Peut-être bientôt montrera-t-on son génome plutôt que sa photo sur des sites de rencontre !

À travers la préoccupation prédictive, la procréation va de plus en plus se disjoindre de la sexualité. La pratique procréative ne sera plus seulement issue de la sexualité et du désir d'enfant d'un couple, mais d'abord d'une volonté d'obtenir un enfant parfait, en tout cas dont les risques génétiques puissent être les plus réduits possible. Il pourrait y avoir ainsi d'un côté le couple et la sexualité, et de l'autre le projet procréatif, sans que les deux ne soient plus noués. Le lien entre procréation et génomique pourrait venir ainsi au premier plan des pratiques de procréation. L'évolution parallèle de l'assistance médicale à la procréation et de la génomique pourrait les conjoindre de plus en plus.

Savoir ou ne pas savoir : telle est la question qui pourrait venir en amont de naître ou ne pas naître, d'être ou ne pas être – finalement une autre formulation toujours de la même question. On peut vouloir ne pas savoir. Ne pas savoir peut être revendiqué comme un droit face aux possibilités de la prédiction. Ne pas savoir du côté des géniteurs, mais ne pas savoir aussi du côté de l'enfant, quant à son origine et aux risques qui lui auraient été transmis. Un droit de ne pas savoir parce que le savoir peut être trop encombrant.

Les questions envahissent la scène des biotechnologies. Les vertiges se multiplient. Va-t-on vraiment aller vers des sélections procréatives[92] ? Comment aborder cette question sur le plan éthique, politique, dans le champ du droit des enfants ? Que va devenir la liberté de choix de chacun ? De choix quant à la conception de l'enfant, peut-être même, si on pousse un peu, quant à la liberté de choix de celui ou de celle avec qui on va procréer. Restera-t-on dans la liberté du choix du conjoint ? Que signifie le consentement face à cette évolution ? Y a-t-il un moyen de trancher face à la liste infinie des questions introduites par les nouvelles pratiques prédictives ? Pourra-t-on établir une limite entre le meilleur des mondes possibles et le pire des mondes probables ?

Le droit à l'inattendu

Peut-on savoir à l'avance ce qui se produira à propos d'un enfant ? Justement pas. L'enfant surprend toujours. Quand il surgit, c'est un inconnu. Encore faut-il le rencontrer dans ce qu'il est, autre que ce que l'on avait imaginé. Le doit à l'inattendu va prendre peut-être de plus en plus de place dans le champ du droit des enfants, maintenant qu'il est devenu possible de prédire l'enfant, en tout cas certaines de ses caractéristiques. Le patrimoine génétique va-t-il prendre la place d'autres formes de patrimoine ?

Qui voudra-t-on faire naître ? Qu'attendra-t-on d'un enfant quand on aura procédé à un bilan préconceptionnel des risques génétiques ? Quels critères va-t-on retenir pour la conception d'un enfant ? Voudra-t-on maîtriser la procréation pour obtenir un enfant correspondant à des attentes de plus en plus précises, un enfant le plus parfait possible ? Attendra-t-on de plus en plus de choses de lui en fonction de ce qui aura été prédit, en fonction de ce qui est prédictible ? À quels critères devra-t-il correspondre ? Quel idéal devra-t-il remplir ? Et, du même coup, quelles exigences pèseront sur lui ?

Ces questions peuvent devenir sociétales. Ira-t-on jusqu'à vouloir éradiquer certaines maladies ? Ne plus laisser la possibilité de certaines différences ? Où va passer à l'avenir la limite entre le normal et le pathologique, entre le semblable et le différent, entre l'attendu et l'inattendu ? Fera-t-on le partage entre eux et nous, entre ceux qui sont atteints et ceux qui ne le sont pas ? La prédiction peut mettre en crise le système de santé, son éthique. La solidarité et la réciprocité passent par un non-savoir de ce que la vie réserve à chacun. Introduire un savoir prédictif peut conduire à la ségrégation, en stratifiant le système de santé et les droits en fonction des risques courus, qu'il aurait été possible de connaître. Ce type de démarche prédictive peut aussi aboutir à des dilemmes quant à l'usage du diagnostic préimplantatoire, ou du diagnostic prénatal avec la question du choix d'interrompre la grossesse. Ce dilemme est d'autant plus présent lorsqu'il s'agit d'une grossesse faisant suite à la confrontation avec un enfant déjà atteint – comme si, à travers ces démarches, on lui disait que, si on avait su ce qu'il présentait, on n'aurait pas poursuivi la grossesse, et donc qu'il ne serait pas là, qu'il ne serait pas né.

On réalise à quel point le doit des enfants en matière de procréation, et du lien rendu possible à l'avenir entre procréation et prédiction, passe par le fait de laisser la place à l'inattendu, et donc en conséquence de laisser la place à la différence. On ne peut pas savoir à l'avance ce qui est bien pour un enfant. Et, entre ce qui était attendu et ce qui se manifeste, il y a de toute façon un hiatus, une béance. Tel est l'enjeu : offrir cet espace à partir duquel l'enfant puisse advenir en se faisant l'auteur et l'acteur de son devenir ; que tout puisse dépendre de ce que fera l'enfant et pas seulement de comment il a été fait.

En matière de droit de l'enfant dans le champ de la procréation, il s'agirait donc de défendre d'abord le droit à l'inattendu. Un enfant n'est en effet pas seulement déterminé par ce qui le précède, par ses gènes – car, comme le disait si bien le poète René Char : « Il existe entre tout cela et l'Homme une enclave d'inattendus et de métamorphoses dont il faut défendre l'accès et assurer le maintien[93]. »

CHAPITRE 2

Recréer son origine

Variations dans le genre : clinique intersexe

L'anatomie peut surprendre dès la naissance, être marquée de particularités qui ne correspondent pas aux « définitions binaires types des corps masculins ou féminins[1] » : c'est le cas de ceux qu'on appelle des intersexes. Nés entre deux sexes, on les a désignés du terme de pseudohermaphrodite, on a dit d'eux qu'ils présentaient une ambiguïté génitale, on parle aujourd'hui encore de trouble de la différenciation sexuelle (DSD), toutes sortes d'appellations lourdes de signification, qui apparaissent rejetantes, voire agressives, discriminatoires, excluant ceux qu'elles concernent en les projetant dans le registre du pathologique, de l'anormalité, du malformatif, voire à certaines époques du monstrueux. On parle plutôt aujourd'hui de « variation du développement sexuel », avec tout un spectre très large d'occurrences, pensées comme diverses « allures de la vie[2] », c'est-à-dire des possibles à ne pas ranger fatalement du côté du pathologique.

À ce propos, on pourrait rappeler que Canguilhem distingue anormalité et anomalie. L'anomalie désigne des variations individuelles qui font que chacun doit être reconnu comme unique et différent, sans jugement de valeur. L'anomalie doit d'abord être pensée comme une variation. Considérer l'intersexualité dans le registre de la variation en fait donc une anomalie plutôt qu'une anormalité. « La diversité n'est pas la maladie[3] », et, comme l'écrit encore Canguilhem, « l'anormal n'est pas le pathologique[4] ». L'anomalie ne fait pas référence à une norme. Elle vient plutôt du terme « anomalia ». Georges Canguilhem attire donc l'attention sur cette distinction étymologique : l'anomalie n'est pas l'antonyme de « nomos », de la norme, mais un substantif dont l'étymologie grecque, « anomalia », s'oppose à ce qui est régulier, égal, lisse (« omalos »). Ainsi, sur le plan sémantique, l'anomalie désigne un fait, c'est un terme descriptif, alors que le terme « anormal » implique référence à une valeur, c'est un terme appréciatif, normatif.

Si on sort de l'opposition entre le normal et le pathologique, et qu'on fait de l'intersexualité une variation du développement sexuel, celle-ci n'en reste pas moins une différence, une distinction, présente dès la naissance, parfois reconnue immédiatement, d'autres fois révélée plus tardivement[5]. Quels que soient ces types d'occurrences, reste pour le sujet de savoir comment il va vivre la variation qui le touche, de l'enfance à l'adolescence et au passage à la vie adulte, comment il va s'y prendre avec la sexualité par-delà l'identité. Reste aussi le fait de savoir comment réagissent ceux qui l'entourent, de la famille à la société, si un traitement est proposé, voire imposé avant qu'il puisse se prononcer. La question des traitements fait aujourd'hui fortement débat ; leur irréversibilité, chirurgicale mais aussi endocrinienne, implique qu'ils sont prohibés dans les recommandations éthiques de nombreux pays[6], en pointant aussi de façon majeure les risques de ne pas respecter l'autodétermination de l'enfant en court-circuitant son consentement[7] pour une décision qui entraîne des conséquences à long terme sur l'identité et la vie affective de la personne concernée.

Différence des sexes et langage

Le problème est de savoir comment en parler, quels mots utiliser. L'intersexualité implique un vertige du rapport au langage qui touche autant les parents que ceux qui s'en occupent, et bien sûr aussi celui qui présente une variation dans sa différenciation anatomique sexuelle.

Si l'on touche à la différence des sexes, on touche au langage. La problématique de l'intersexualité montre à quel point le lien entre le vivant et le langage est fragile. J'utilise le terme de vivant parce que le corps est déjà un corps langagier, un corps représenté, un corps pris dans le symbolique, mais aussi un corps dans lequel s'est inscrit un trajet de la pulsion par le fait de l'Autre, qui a pu, de ce fait, se boucler[8] et s'arrimer du même coup au monde de l'Autre.

Lorsque le vivant se révèle intersexe, les mots eux-mêmes peuvent perdre leur signification commune, comme s'ils étaient éclatés, dédoublés, divisés par le fait de l'intersexualité. C'est que l'intersexe est à la fois autre, différent, distinct. Il n'est ni masculin ni féminin, tout en étant l'un et l'autre, entre les deux ou les deux à la fois[9]. Où et comment le situer ? Comment le penser ? On fait bel et bien face à une sorte d'ébranlement symbolique. En tout cas s'y révèle la fragilité du symbolique, qui peut se trouver déstabilisé pour rendre compte de la réalité intersexe.

Le symbolique ne peut pas traiter tout le réel et, dans certaines occurrences, il s'en trouvait dépassé. Si dans certaines situations on peut considérer le symbolique comme solide, comme consistant, s'il peut même empiéter sur le corps, le modifier, comme avec le symptôme de conversion, il peut par contre se trouver parfois dépassé, insuffisant, pris en défaut. C'est certainement ce qui se passe lorsqu'il doit rendre compte d'une discordance entre le sexe chromosomique et le sexe morphologie, lorsque la représentation que le sujet a de lui-même du côté masculin ou du côté féminin se trouve mise en crise par un constat d'un corps qui se révèle ne pas être celui qu'il pensait avoir.

On pourrait prendre l'exemple de Justine, une très belle jeune fille de 16 ans, issue d'une famille musulmane, qui vit en rupture avec les codes de sa culture : elle refuse le voile, même le foulard, laisse apparaître ses formes derrière ses vêtements, expose des parties de son corps au regard des autres. Elle sort beaucoup, est très courtisée mais se refuse à toute sexualité. Elle n'a pas eu encore ses règles. Sa mère vient d'accoucher d'un nouvel enfant qui présente une ambiguïté génitale repérable à la naissance. Des examens spécifiques sont réalisés chez tous les enfants de la famille : Justine est découverte XY. Elle n'a pas d'utérus, pas d'ovaires, son vagin est trop court, rudimentaire. En fait, elle est née avec un testicule féminisant, mais personne n'en a rien su jusqu'à maintenant. Elle qui se pensait inscrite dans le monde, mieux que ses parents, voit basculer tous ses repères. Elle ne sait plus de quel sexe elle est. Tout un système de différentiels s'effondre. Elle n'a plus de point d'ancrage, ni dans son corps ni dans son monde. Elle devra être opérée. Une plastie du vagin avec un fragment d'intestin est programmée afin de lui permettre d'avoir des relations sexuelles. Cependant, elle n'échappera pas à la stérilité. Elle ne sera jamais mère. Sa mère ne sera jamais grand-mère ; son père ne deviendra pas grand-père. Toutes ces informations affluent. Peut-être même qu'un médecin, comme je l'ai déjà entendu, pris par ce qu'il suppose, dans sa logique, être la vérité, sera amené à lui dire un jour : « Mademoiselle, il faut que vous le sachiez : en fait, vous êtes un homme ! »

Justine vit un traumatisme, celui du désaveu de son sexe par la médecine. Il lui semble que la réalité s'est mise à délirer. Son corps n'est plus celui qu'elle connaissait jusque-là. Ce qu'elle croyait d'elle n'était qu'illusion, fausseté, mensonge. Elle ne sait que faire des informations qui lui sont données. Le langage, avec tous ses systèmes d'opposition, lui apparaît soudain arbitraire, trompeur. À quoi peut-elle se fier ? L'Autre ne tient plus. Même le système de la langue lui apparaît insensé. Prise de vertige face à elle-même, elle ne sait plus ce que parler veut dire. Elle reste sidérée. Elle passera les premières séances dans mon bureau à pleurer avant de pouvoir prendre la parole.

Le langage est insuffisant pour dire ce qu'elle est à dire. Le système symbolique, trop précaire. Elle n'a plus d'image d'elle-même. L'imaginaire et le symbolique ont éclaté d'un coup, elle n'a plus de repères : elle se trouve jetée hors du monde, hors du langage, hors du temps, comme ceux qui ont subi un traumatisme majeur.

Lorsque les repères sont brouillés, lorsque l'ambiguïté prédomine, lorsque les repères se mélangent, lorsque la différence sexuelle est troublée, lorsque la séparation des sexes est mise en crise, jusqu'à ne plus savoir de quel sexe il s'agit, jusqu'à devoir faire appel à la médecine pour pouvoir poser un diagnostic du sexe, on est bien dans une situation traumatique. Un traumatisme où se dévoile un réel sexuel qui révèle à quel point l'anatomie ne suffit plus à faire un destin. Jusqu'à quel point il y avait une illusion à imaginer que l'anatomie puisse être un destin.

« Qu'il surgisse donc un hermaphrodite, un peu pour voir » : que veut dire cette exclamation énigmatique lancée par Lacan[10]. Pour voir ? Pour voir quoi ? Pour voir peut-être que la sexuation se joue au-delà de ses repères anatomiques, pour voir aussi ce qu'il en est de l'impact du langage, pour voir ce qu'il en est du corps en jeu, des défilés de la pulsionnalité, de ses systèmes de jouissance.

Paradoxalement, ceux qui naissent avec une discordance entre leur sexe morphologique et leur sexe chromosomique se confrontent à toutes sortes de dimensions qui se situent au-delà du biologique. Ce qui révèle que la différence des sexes n'est ni chromosomique, ni génétique, ni endocrinienne, ni cérébrale, ni morphologique, ni sociale, que la sexuation se joue au-delà de ces différences. Les intersexes nous obligent ainsi à revisiter tout ce que l'on pensait savoir de la sexuation, jusqu'à son point limite : celui de l'impossible articulation entre le langage et le vivant.

Le sexe et la section

Sexe vient du latin *sexus*, mot qui semble se rattacher à *secare*[11]. Le sexe implique donc la section. Qui est aussi une « section entre la libido et la nature[12] ».

La section implique la différence. La différence est fondatrice. C'est elle qui permet de définir un ensemble comme tel. Y compris l'intersection entre deux ensembles, pourquoi pas jusqu'à une gradation entre le masculin et le féminin. Sur le plan anatomique, il y a deux sexes. Que se passe-t-il en cas de variation par rapport à cette bipartition ? Entre-t-on dans l'idée d'un troisième sexe, ou d'un sexe ambigu ? Ou faut-il aller plutôt dans la direction d'une multiplicité de sexes, d'une différence sexuelle qui se décline de façon multiple ?

On connaît le débat sur les signes utilisés socialement pour désigner un sexe ou l'autre. Ils sont partout présents. Du passeport à n'importe quel formulaire, jusqu'aux toilettes publiques, la désignation du masculin et du féminin est en jeu. Faut-il ajouter un troisième signe pour les intersexes ? Une troisième case dans le passeport, comme en Allemagne ou en Australie, par exemple. Faut-il donner la place à un troisième genre ? Ou au contraire supprimer les cases masculin et féminin dans le passeport ou à l'état civil, sortir de l'obsession sociale de distinguer le masculin et le féminin ? Ce type de débat est en cours. Y compris pour la désignation des genres sur les portes des toilettes publiques. La définition du sexe entre bipartition, troisième sexe ou sexe multiple est devenue un débat public et sociétal.

On peut se demander pourquoi. D'où vient cet intérêt ? Est-il le résultat des luttes des intersexes constitués en associations pour faire entendre leur point de vue ? Est-ce lié aux débats sur la parité, l'égalité entre les sexes ? Est-ce le produit du développement des *gender studies* ? Ou au contraire tout cela résulte-t-il d'un glissement plus profond, d'un déboussolement par rapport à la différence sexuelle qu'on ne sait plus où situer.

Il n'y a en effet pas de marqueur clair de la différence sexuelle. Entre le sexe chromosomique, le sexe génétique, le sexe endocrinien, le sexe morphologique, le sexe cérébral, on ne sait où situer la différence sur le plan biologique face à des données multiples. Faut-il plutôt se référer aux critères constructivistes du genre[13], que cela soit celui qui est attribué ou celui qui s'est construit peu à peu, qui ne procède pas forcément de repères de la nature, d'une supposée loi naturelle. Ou finalement ne s'agit-il pas plutôt de se repérer d'abord à partir des processus de sexuation, propres à chacun, auteur et acteur de l'assomption subjective de son sexe, au-delà du biologique, voire du social.

Les intersexe, par leur existence même, vont contre l'idée d'une différence sexuelle nette. C'est aussi ce que soutiennent les luttes de certaines associations d'intersexes qui plaident pour que les variations de la différenciation sexuelle ne soient plus considérées comme un trouble mais qu'elles puissent être au contraire maintenues comme telles, allant dans le sens de l'idée que les sexes ne seraient pas deux mais multiples. Il ne s'agirait pas d'une différence nette, mais plutôt d'un long continuum entre le masculin et le féminin, sans rupture, sans coupure.

Selon ce courant, il y aurait un piège à penser la sexuation sur la seule base d'une catégorisation sexuelle binaire, elle-même issue d'une hétérosexualité normative prévalente à laquelle tout devrait être rapporté. Judith Butler déplie cette question en dénaturalisant le paradigme de la bipartition sexuelle. Dans ce cadre, elle cite les travaux d'Anne Fausto-Sterling[14], une biologiste féministe, qui démonte les recherches sur le gène qui code pour le *Sex-Testis-Determining Factor*[15], en montrant que ces travaux biologiques reposent sur une bipartition des sexes qui selon elle ne se fonde que sur des présupposés culturels, voire idéologiques, qui ne sont pas questionnés en tant que tels. Pour Anne Fausto-Sterling, l'opérateur binaire n'irait pas de soi à propos des sexes[16]. Au contraire, la catégorisation sexuelle serait d'abord une construction culturelle, sociale, reconduite en tant que telle par des biologistes dont les travaux ne laissent pas de place à l'hypothèse qu'il puisse en être autrement.

C'est ainsi qu'Anne Fausto-Sterling propose d'admettre l'existence de stades intersexuels. Elle dénonce du même coup l'assignation d'un sexe à la naissance en cas de trouble de la différenciation sexuelle, considérant qu'il s'agit d'une pratique abusive qui ne répond qu'à l'impératif social du maintien de deux sexes qui s'excluent mutuellement. Elle oppose à cette vision l'idée d'un continuum dans lequel divers hermaphrodismes auraient leur place. Dans le même mouvement se sont créées des associations autour du droit du genre, regroupant militants, chercheurs en études des genres et sujets intersexes, transsexuels, mais aussi gays et lesbiennes, s'associant pour défendre les droits des personnes « transgénériques », incluant intersexes et transsexuels, qui se battent pour le droit de changer de sexe, de se marier avec une personne du sexe que l'on veut, de ne pas éduquer les enfants selon la différence classique homme-femme. Ils vont jusqu'à proposer d'éviter dans l'éducation des enfants tout ce qui consiste à promouvoir des identifications sexuées, afin de laisser à chacun la liberté de se situer là où il pense être, au moment où il le voudra, sans référence à une différence des sexes ou à une quelconque coupure entre les deux.

Reste à savoir dans quel registre on pense la différence des sexes. La différence des sexes n'est pas que biologique, culturelle ou éducative. Elle n'est pas qu'un constat. C'est aussi un processus. On peut penser, avec la psychanalyse, la différence des sexes comme un opérateur symbolique qui articule aussi d'autres différences, entre le même et l'Autre, l'identique et le différent. Elle serait d'abord une différenciation signifiante. Les postures du corps, les choix des jeux chez les enfants, toutes sortes de phénomènes semblent témoigner d'une inscription par rapport à la sexuation qui a lieu avant même l'impact des attitudes éducatives.

Médiations imaginaires et symboliques

Une différence symbolique, une opposition signifiante : c'est ce qu'est en fait la différence des sexes au-delà de sa matérialité biologique, qu'elle soit contestée ou non. Et c'est à travers la médiation de l'image du corps que le symbolique exerce son effet. La différenciation sexuelle est relayée par l'image du corps : le sexe mis en jeu est aussi celui de l'identification. Cette inscription est à la fois de l'ordre de l'image et de l'ordre du langage : à la fois imaginaire et symbolique, sur la base du réel d'une différence posée comme telle, sans être aucunement localisable.

Lucas à sa naissance est identifié comme un garçon. Après une semaine, il présente une décompensation surrénalienne. Les investigations révèlent que l'enfant est de sexe féminin, en tout cas pour ce qui concerne le sexe chromosomique. Le diagnostic de fille est posé. Elle est opérée et devient Lucienne. Parallèlement à l'opération, les parents réalisent un réaménagement symbolique pour traiter le réel de l'ambiguïté. La mère voit une transformation progressive : « Lucas est arrivé en bleu, le lendemain, les soignants ont commencé à mettre un petit drap rose dans la couveuse, le troisième jour elle avait des petits chaussons roses, et puis, le quatrième jour, il y avait de plus en plus de rose dans la couveuse, et finalement, quand ils ont eu le résultat du caryotype, ils nous ont demandé à ce moment-là comment on voulait la prénommer. » Cette mère considérait qu'il ne s'agissait pas d'une erreur anatomique, mais plutôt d'une erreur médicale sur le diagnostic du sexe, une erreur d'assignation symbolique. Il n'y avait donc pas d'ambiguïté génitale. Il y avait une ambiguïté langagière, dans la désignation de leur fille. Elle parlera d'ailleurs de cette « terreur » sur le sexe, en un lapsus qui témoigne de sa position qui voit tout cela en termes d'erreur qui exclut l'ambiguïté.

Un autre couple de parents, dont l'enfant présente une ambiguïté génitale bien visible à la naissance, n'a dit à personne que celui-ci était né. Ils ont tout dissimulé et attendu jusqu'à ce que les médecins aient choisi le sexe d'attribution, celui qui serait le plus stable lors des remaniements pubertaires à l'adolescence. Et subsiste depuis une ambiguïté sur la date de l'anniversaire, fêté par rapport au choix du sexe, qui ne correspond pas avec la date de la carte d'identité ou des papiers officiels.

On voit à quel point c'est d'abord la différence qui est à penser plutôt qu'à constater. C'est le marquage symbolique qui fait repères. Le père de Lucienne voit un autre changement : « Lucienne est née plus qu'à terme avec des ongles acérés. Et puis, à un certain moment, elle a commencé un peu à se gratter, en tout cas à se caresser le visage au risque de s'écorcher. À la maternité, on lui a mis des petites moufles en laine. Et puis j'ai été très attentif à ces petites moufles. Lorsqu'elle est arrivée aux soins intensifs, je voyais que les soignants étaient en train de la déshabiller pour la mettre nue. Ils ont enlevé ses gants. J'étais fixé sur ces gants. Mais c'était probablement aussi une manière d'exprimer mon angoisse… la crainte d'avoir été émasculé en quelque sorte pourrait être vérifiée… » Lui aussi voit une transformation qu'il identifie comme une sorte de castration. Au début, c'était un petit mâle viril. La fille se retrouve au terme d'un processus comme un garçon avec quelque chose en moins. Ce contre quoi il finit par se défendre en disant que Lucienne est devenue très vite une « super petite fille », une petite fille habitée par une turbulence fascinante, par un surplus de vie, une fille avec quelque chose en plus.

Quels que soient les faisceaux des déterminations symboliques ou imaginaires, ce qui intéresse d'abord la psychanalyse, c'est le traitement du réel de la différence sexuelle, qui passe d'abord par la déclaration subjective d'appartenance à un sexe. Si c'est l'affaire du symbolique d'attribuer un sexe ou un autre, si c'est par la médiation de l'image que le symbolique produit son effet, c'est surtout finalement l'affaire du sujet de réaliser l'assomption de sa position par rapport à la différence des sexes.

La sexuation est le résultat d'un processus – à chacun de se ranger plus ou moins du côté homme ou du côté femme en fonction de ses choix. C'est finalement d'abord une affaire de sujet.

On pourrait dire que, même si la différence des sexes n'est pas localisable, même si elle reste un réel qui échappe à toute prise symbolique ou imaginaire, même si elle résiste à tout abord, elle reste une différence qui opère, pour laquelle chacun doit se déterminer, en faire quelque chose à son mode. À chacun de se situer comme un mixte, un hybride, de façon plus ou moins complexe par rapport à cette différence. C'est la différence qui est nette, non le choix du sujet qui reste libre, multiple ou ambigu, toujours unique, parfois surprenant.

Jusqu'au premier récit de la Genèse, où Dieu créa l'homme à son image : « Il le créa à l'image de Dieu : il le créa masculin (*zakhar*) ou féminin (*nekeva*) », comme le cite Delphine Horvilleur[17]. Elle précise que le mot *zakhar* est aussi traduit par masculin et vient d'une racine commune avec le mot qui a donné *zakhor* qui signifie souvenir, mémoire. Alors que *nekeva*, féminin, vient de *nakav* qui signifie faire trou, ce que Delphine Horvilleur propose aussi de traduire par trou de mémoire

– en tout cas « le trou ou le vide qui fait de la place au “peut-être”, à ce qui reste à être[18] ».

Quoi qu'il en soit, que ses repères soient biologiques ou culturels, la position de chacun par rapport à la différence des sexes n'est pas qu'une affaire biologique ou culturelle : c'est d'abord un « peut-être » qui reste l'affaire d'un sujet qui se positionne par rapport à cette différence, qui s'aménage avec celle-ci, au fur et à mesure de chaque choix, de chaque bricolage face à une différence des sexes qui opère sur lui en même temps qu'il s'en sert, même si fondamentalement elle lui échappe.

Un manque d'ambiguïté

Dans l'intersexualité, l'ambiguïté touche la différence, comme si la section ne s'était pas faite. L'ambiguïté atteint la différence même, et pas seulement dans le registre anatomique. Si la section n'est pas faite dans le langage en même temps que dans l'anatomie, les repères peuvent s'effondrer entre le même et l'Autre, entre l'identique et le différent. Mais, si on ne peut plus penser la différence, donc on ne peut plus penser non plus l'ambiguïté. L'ambiguïté peut devenir un réel impossible à supporter, au point de la rejeter subjectivement.

C'est ainsi que, si les sujets présentant une ambiguïté génitale souffrent de quelque chose, c'est souvent paradoxalement d'un manque d'ambiguïté. Ils sont confrontés à un autre sexe qui les habite sous le signe de la certitude. Celui-ci vient donner un trop-plein de signification à tout, sans ambiguïté. Avec les enfants, c'est d'abord le fait de ceux qui les entourent, de leurs parents. Jeanne est XY. Son ambiguïté anatomique a été corrigée à la naissance, selon le paradigme aujourd'hui en crise et de plus en plus en voie d'abandon dans les démarches de prise en charge des intersexes qui recommandent maintenant d'attendre sans intervention irréversible avant que le sujet puisse lui-même prendre part à la décision. Pour les parents de Jeanne, leur fille n'est pas ce qu'elle est. Elle est aussi cet autre sexe qui la détermine à son insu. Lorsque leur fille grimpe aux arbres, ou qu'elle joue avec les garçons aux gendarmes et aux voleurs, pour les parents, c'est le chromosome Y qui se manifeste. Hélène, qui présente aussi un génotype masculin dysharmonique avec son phénotype féminin, a vécu le même type d'investissement que Jeanne de la part de ses parents. À 9 ans, elle a l'air d'un garçon. Pas vraiment d'un garçon, mais d'un garçon trop garçon, avec des signes forcés du côté masculin, dans l'habillement, dans la coiffure, dans la posture. Elle incarne ce qu'elle n'est pas, ce qu'elle aurait pu être si elle n'avait pas présenté une dysharmonie quant au sexe entre le génotype et le phénotype. En contrant l'ambiguïté du sexe, elle est allée vers la caricature de l'autre sexe. Laura est aussi XY, également opérée à la naissance selon le même paradigme médical aujourd'hui contesté. Sa mère l'élève en étant habitée depuis l'âge précoce par l'idée obsédante que sa fille n'aura jamais d'enfants et qu'elle-même ne sera jamais grand-mère. Lorsque Laura joue à la poupée, sa mère ne peut s'empêcher de lui dire : « Tu sais, toutes les petites filles ne deviennent pas forcément maman », et Laura, surprise, s'interrompt dans son jeu, qu'elle reprend ensuite de façon provocante, comme pour interroger cette affirmation sentencieuse.

Si l'ambiguïté devient en cas d'intersexualité subjectivement insupportable, elle l'a été aussi socialement, au point d'avoir exclu celui qui était atteint d'ambiguïté. Ledit pseudohermaphrodite de la médecine a-t-il pris la suite de l'hermaphrodite de la mythologie[19] ? Pourquoi cette proximité d'appellation ? Quel inconscient la sous-tend ? Dans les mondes grec et latin, les hermaphrodites faisaient partie des anormaux maléfiques. Ils étaient condamnés à la disparition, exposés à l'extérieur de la cité, ou dans Sparte directement conduits à la mer pour y être noyés, sans toucher le sol[20]. Au Moyen Âge, on les obligeait à un choix : il s'agissait de rétablir une différence, par le droit, par l'état civil, par la voie du prénom, pour ramener l'individu à l'un des sexes ou à l'Autre. Bien qu'atteint d'une ambiguïté anatomique, le sujet devait réintégrer un ordre juridique défini, du côté masculin ou du côté féminin, et s'y tenir. Une fois le choix fait, il ne pouvait en changer sous peine de mort[21]. Ce qui, au-delà de l'anatomie, par le fait symbolique, pour autant qu'il s'y tenait, permettait au sujet d'échapper à la ségrégation.

Aujourd'hui, ce n'est pas seulement une opération symbolique qu'on réalise. On peut corriger anatomiquement l'ambiguïté génitale par la chirurgie et les traitements endocriniens, pour ranger l'enfant dans un sexe ou dans un autre. On veut corriger le sexe ambigu pour réinstaurer une différence : est-elle symbolique ou organique ? La correction chirurgicale ou la substitution hormonale ont pour but un marquage : ce qui est visé est de leur permettre de sortir de l'ambiguïté à travers une intervention médicale.

La montée du paradigme de Johns Hopkins et son déclin

C'était la perspective du paradigme dit de Johns Hopkins de l'équipe du Psychohormonal Research Unit fondé par

John Money avec John et Joan Hampson qui est devenue la référence à l'époque dans le traitement précoce des intersexes qui étaient encore pris sous ce diagnostic de pseudohermaphrodites. Ce paradigme reposait sur l'idée d'opérer et de traiter médicalement l'enfant le plus tôt possible, afin de lui permettre de s'installer au mieux dans un sexe d'attribution bien établi, qui puisse rester le plus stable possible au cours du développement, en particulier au moment de la puberté, avec le minimum de conséquences quant aux fonctions sexuelles et aux caractères sexuels secondaires.

Cette perspective ne ramène la sexuation qu'à des critères anatomiques et endocriniens. Elle ne tient pas compte de la position du sujet et des portées symboliques de ce qui est fait. Tout se joue en plus dans une sorte de précipitation, sans que le sujet puisse participer à ce qui lui arrive. Comme le dit Suzanne J. Kessler : « *Less cutting, more talking* » – il s'agit de moins vite couper et de passer plus de temps à parler. Les voies de la sexuation restent énigmatiques pour tous les sujets. Personne ne peut résoudre leur cheminement à travers l'impact d'un sexe d'attribution redoublé d'une correction anatomique. De toute façon, on ne peut vraiment garantir que les enfants élevés selon un certain sexe social ne soient pas inquiétés un jour par leur histoire, par les décisions qui ont été prises sans qu'ils puissent participer à ce qui les concerne d'abord eux.

C'est cette part de doute que n'ont pas voulu prendre en compte John Money et son équipe, convaincus qu'ils étaient que « le sexe d'assignation et d'élevage est de façon substantielle et avec évidence un signe prédictif plus fiable du rôle de genre et de l'orientation d'un hermaphrodite que ne le sont le sexe chromosomial, le sexe gonadique, le sexe hormonal, la morphologie accessoire des organes reproducteurs internes ou la morphologie ambiguë des organes génitaux externes[22] ». C'est cette position qui a conduit John Money et son équipe à l'expérimentation active[23] de cette hypothèse à travers l'assignation chirurgicale, hormonale, mentale et éducative des enfants dits alors pseudohermaphrodites à un sexe d'attribution choisi par une équipe médicale et proposé aux parents.

Le paradigme de Johns Hopkins s'est imposé et a pris la place d'une évidence incontestée, du moins dans le monde médical, jusqu'à une polémique qui a éclaté dans les années 1980 autour du cas dit John/Joan (anonymisé sous les prénoms du couple des collègues de Money, John et Joan Hampson). Paradoxalement, il ne s'agissait pas d'un intersexe ! Le cas John/Joan est en fait un garçon « sans pénis » à la suite d'un accident de circoncision, qui sera réassigné et éduqué comme fille à travers le suivi de John Money[24].

Ayant été assignée comme une fille et éduquée en conséquence, avec une médication hormonale et de nombreuses interventions chirurgicales dans l'enfance destinées à lui permettre d'accéder à une apparence féminine, apprenant ultérieurement son identité sexuelle biologique, John/Joan demanda de repasser du phénotype féminin au phénotype masculin. Son psychiatre, Keith Sigmundson, est entré en contact avec Milton Diamond, professeur à Hawaii, adversaire acharné de John Money, qui a pris position pour permettre à Joan d'aller vers John, à travers un traitement de testostérone et des interventions chirurgicales pour masculiniser son apparence (ablation des seins et phalloplastie).

Milton Diamond et Keith Sigmundson[25] mettront donc en évidence l'échec complet de cette réassignation forcée du masculin vers le féminin, de John vers Joan. Ils ont révélé l'histoire concrète de John devenu Joan. Au contraire de ce que visait

John Money, ce patient (qui a recouvré son vrai nom, David Reimer) s'est vécu du côté masculin bien qu'assigné et éduqué du côté féminin dans l'enfance : David Reimer, malgré l'ablation de ses organes génitaux mâles, et son éducation comme fille à travers le suivi par John Money, ne s'est jamais considéré comme une fille. À noter qu'il avait un frère jumeau, qui a été suivi parallèlement, qui s'est révélé schizophrène. À 15 ans, David Reimer a voulu reprendre son identité masculine. Par la suite, il publia son histoire pour décourager les réassignations sexuelles sans le consentement et l'autodétermination de la personne concernée[26]. Il se suicide à l'âge de 38 ans, deux ans après la disparition de son frère jumeau, Brian, mort d'une overdose.

John Money a donc pris appui sur une situation accidentelle d'ablation du pénis pour démontrer la prédominance de l'éducation de genre dans le devenir sexuel de l'enfant. John Money semble d'ailleurs avoir été le premier à avoir introduit la notion de genre dans les années 1950[27], même si ce terme a été amplement diffusé par les travaux de Robert J. Stoller, en particulier dans un livre en 1968 où il théorise la distinction entre sexe et genre[28]. La distinction entre sexe et genre a curieusement été reprise ensuite par ceux qui seront les plus critiques des démarches de Money et de Stoller, fondant sur cette mise en question les perspectives constructivistes propres aux études de genre, à partir de Judith Butler mais aussi d'Anne Fausto-Sterling.

Judith Butler a consacré aussi un chapitre spécifique à la situation de David Reimer dans son livre *Défaire le genre*[29], dont elle fait une figure emblématique de la lutte des intersexes, même si, en réalité, il ne l'était pas. Un livre de John Colapinto retrace aussi toute cette histoire dans le détail[30].

À partir de ce qui a été révélé de ce cas, un scandale a éclaté autour de l'équipe du Johns Hopkins. Ses membres ont été accusés d'avoir utilisé des films pornographiques pour conditionner les enfants, d'avoir sollicité des transsexuels pour les convaincre d'accepter l'opération de vaginoplastie. John Money a été dénoncé pour ces pratiques. L'affaire est devenue publique. Sa vie personnelle a aussi été mise en question, en particulier à propos de sa propre bisexualité. Milton Diamond s'est alors engagé contre ce type de pratique, vers l'obtention d'un moratoire contre les opérations précoces des enfants pseudohermaphrodites[31].

Le paradigme de Johns Hopkins s'est ensuite progressivement fissuré jusqu'à promouvoir le contraire aujourd'hui (dans les *guidelines* américaines et dans bien d'autres pays, y compris la Suisse), à savoir ne plus pratiquer d'interventions irréversibles avant que le sujet puisse participer à ce qui est entrepris.

Il y a eu d'abord de plus en plus d'opérations transsexuelles chez les intersexes opérés dans l'enfance, comme si le sujet qui avait subi un choix fait par d'autres que lui se retournait contre les décisions qui ont été prises sur lui sans qu'il puisse y participer. Ou que les souffrances liées à un vécu intersexe, aux opérations, aux hormones conduisent à chercher un soulagement en allant vers un autre sexe.

Il y a eu aussi la question du secret maintenu sur certaines informations. Tout n'a pas été dit sur ce qui a été fait, ou seulement partiellement. Parfois c'est une vision en termes d'inachèvement qui a été présentée, il fallait terminer ce que la nature n'avait pas fait, comme avec les plasties du vagin chez les sujets masculins sur le plan chromosomique avec un phénotype féminin. Cette question de la vérité et du secret revient autour des projets de procréations où certains ne découvrent qu'à ce moment l'enjeu réel du trouble qui les a touchés.

Un autre point très important est la question de la vie sexuelle, à la suite des opérations chirurgicales complexes qui, avec des organes cicatriciels, souvent douloureux, ne donnent pas les satisfactions recherchées. Cette question très intime de l'accès impossible à une jouissance semble compter aussi dans l'attaque aux interventions chirurgicales précoces. Ceux qui luttent contre une opération trop précoce dénoncent en effet les conséquences des mutilations provoquées par la chirurgie, qui les privent des sensations des organes touchés à la suite des processus cicatriciels. Les réductions clitoridiennes ou les plasties vaginales peuvent laisser ces organes insensibles, avec de plus des troubles de l'innervation ou des défauts de sécrétions qui compromettent l'acte sexuel. Du côté masculin, il y a toutes les difficultés à rendre fonctionnel un pénis plusieurs fois opéré – même si j'ai vu un petit garçon souffrant d'une mosaïque XO/XY être tout fier de ce qu'il disait être son « tout neuf » qu'il exhibait au nouvel ami de sa mère qui en est resté sidéré.

C'est ainsi que certains intersexes s'opposent à ce qu'ils considèrent comme des mutilations chirurgicales, réclamant le droit d'avoir une sexualité intersexe, à découvrir, dont le chemin leur a été barré par les multiples interventions qu'ils ont subies.

L'intersexe, entre traumatisme et colère : vers une issue ?

Pourquoi ce refus opposé à la possibilité d'être intersexe ? Un refus qui dépasse les situations où un traitement s'impose pour des raisons vitales, comme dans les hyperplasies congénitales des surrénales. D'où vient ce refus d'être qui leur est imposé ? D'où vient-il ? Il est profondément inscrit dans la culture, même s'il n'est pas universel. Chez les Inuits, les intersexes ont le statut d'intermédiaires entre les dieux et les humains. Par contre dans notre culture, on les rejette. Pourquoi ce rejet ? Quelles sont ses racines, quelle est son origine. Faut-il revenir à la figure de l'androgyne du discours d'Aristophane dans *Le Banquet* de Platon[32], que les dieux décident de couper en deux pour limiter leur hubris ? Faut-il les ramener au fantasme d'une potentielle bisexualité ? À une insupportable indétermination ? À l'idée d'une immortalité qui dépasse le fait que l'introduction de la différence des sexes introduit au fait d'être mortel. Marie Delcourt[33] offre une série de postures dans la mythologie qui induisent un statut d'insupportabilité à l'intersexe.

Mais faut-il vraiment qu'inévitablement la confrontation à la problématique intersexe reste traumatique, mettant en jeu un réel irrésorbable quel que soit le chemin emprunté ? Le fait d'être touché par une variation de la différenciation sexuelle ne serait-elle pas si difficile à vivre si on libérait les intersexes des projections qui les frappent ? Il faut mettre en balance le fait d'être intersexe avec la douleur associée aux traitements imposés avant toute possibilité de consentement et leurs conséquences à long terme sur le développement, sur la vie sexuelle. Que ces traitements chirurgicaux ou endocriniens soient refusés ou acceptés, ces choix engagent le devenir de façon majeure. Face à une origine intersexe, c'est le devenir qui est impliqué dans les choix qui sont faits. Il faut éviter que cette origine particulière devienne un destin tout tracé. La position des parents, de la médecine et de la société face à l'intersexe est impliquée de façon majeure dans ce qu'il va devenir, mais il y a aussi la ségrégation et l'isolement que peut impliquer le fait d'être considéré comme indéterminé, ou d'être rangé dans telle ou telle case. Tout dépend de la position face à la possibilité de la différence. Les représentations qu'on se fait de la différence intersexe peuvent aboutir à une souffrance qui vient d'abord de l'Autre. Ne pas tenir compte de la position de l'intersexe lui-même aboutit à la déclencher, jusqu'à la colère, qui fait retour dans les débats autour de la question de l'attitude face à des personnes présentant des variations du développement sexuel[34].

Le débat sur l'assignation à une case définissant l'identité est en lui-même démonstratif, entre ceux qui pensent qu'une troisième case pour ceux qui présentent un sexe indéterminé leur offre un statut, et ceux qui pensent au contraire que cela implique un risque stigmatisant pour les intersexes. En effet, au premier abord, offrir une case spécifique pour ceux qui se confrontent à un sexe incertain pourrait être vu comme leur reconnaître un statut, leur donner des droits, leur offrir la possibilité d'être comptés parmi les autres. Mais il y a aussi l'interprétation inverse, c'est-à-dire une vision ségrégative de cette troisième case qui catégorise les intersexes à part et leur bloque la voie de leurs propres constructions par rapport à la question de la différence. Certains militants intersexes craignent que cette troisième case, étant discriminatoire, implique en conséquence une pression pour les amener à entreprendre des interventions chirurgicales. C'est une chose que d'amener un aménagement politique, c'est autre chose que d'être réellement dans une culture qui donne sa place entière à un troisième genre ou plus encore à un genre indéterminé.

Il y a aussi la question de la substitution hormonale, nécessaire suite aux gonadectomies qu'imposerait un risque de dégénérescences malignes : certains supportent très mal les hormones qu'ils vivent comme une agression à l'intérieur d'eux-mêmes, contre eux-mêmes, une substance qui les pousse malgré eux vers des sensations internes qu'ils ne supportent pas. Encore une source de colère, en plus de la révolte contre des interventions chirurgicales majeures, réalisées pendant leur petite enfance, et répétées à plusieurs reprises dans le développement, dont ils doivent subir, eux, les conséquences durant toute leur vie.

Mais certains empruntent des voies surprenantes qui déjouent les stratégies médicales ou chirurgicales. Si l'on revient à la première patiente citée, Justine, celle-ci vient me dire un jour qu'elle renonce à l'opération de plastie du vagin. Je la questionne sur son choix. Elle m'explique que c'est parce qu'elle est tombée amoureuse et qu'elle a une vie sexuelle. Quand je m'en étonne, elle me précise d'abord que, dans la culture de sa famille, on ne la laisserait pas sortir avec un garçon si elle n'avait pas ce problème qui représente pour ses parents une sorte de ceinture de chasteté biologique. Mais, surtout, elle m'explique avec humour que les médecins ont beaucoup trop la vision d'une sexualité exclusivement génitale, d'un pénis dans un vagin, qu'il n'y a pas que la pénétration, qu'elle peut trouver son plaisir par d'autres voies, au-delà de ce qu'imposent les clichés du sexe, en me précisant qu'il y a une infinité d'autres façons d'avoir une vie sexuelle et de trouver du plaisir, que les médecins semblent ignorer. Quoi qu'il en soit, intersexe ou non, chaque sujet est de toute façon toujours unique et différent des autres intersexes : il s'agit bel et bien de sortir d'une logique des classes.

Au-delà de l'identité

Il n'y a pas que l'identité mais aussi la question du désir, de la sexualité, du choix d'objet sexuel. Toute problématique intersexe doit être vue selon ces deux axes que sont l'identité et le désir. Et trop souvent ce n'est qu'à partir de l'identité que les choses sont pensées, ce qui amène à buter justement sur la question sexuelle par le fait de ne pas en tenir compte. Et l'identité elle-même ne peut être ramenée à la seule identité de genre. Il y a finalement plus de différences entre deux sujets qu'il n'y en a entre l'ensemble des masculins et l'ensemble des féminins. L'identité diffère, au cas par cas, sans commune mesure avec les différences qu'on repère entre des types d'identité. Cette différence est d'un autre ordre que celle de l'identité de genre. Les idéaux du sexe ne suffisent pas à penser le choix toujours singulier de chaque sujet.

C'est ainsi que la question de la façon d'aborder l'intersexualité passe d'abord par le sujet et par sa participation aux choix qui sont faits, plutôt que par une assignation faite dès l'enfance sur lui et sans lui. D'où les *guidelines* actuelles qui recommandent de ne pas faire d'intervention irréversible avant la participation du sujet à la décision.

Quoi qu'il en soit, celui qui doit faire face aux problématiques intersexes peut se trouver tout à fait désarçonné, projeté en dehors des savoirs qu'il pensait institués. Dérangé dans ses conceptions, il doit repenser ce qu'est la différence sexuelle, au-delà de tout réductionnisme anatomique ou psychique.

Qu'un sexe soit ambigu sur le plan génital ne présage en effet en rien du procès de la sexuation, qui implique des dimensions hétérogènes à ce qui s'est institué dans l'organisme.

Ce type de clinique amène la médecine autant que le droit aux limites de ce qui peut être pensé, les projette dans un vertige qui menace toute logique instituée. D'où la nécessité d'un abord clinique, au cas par cas, pour prendre la mesure de la façon dont le sujet s'y prend avec ce qui lui arrive, au-delà de toute norme préétablie quant à ce qu'il devait choisir ou faire. C'est là qu'il s'agit aussi d'aller au-delà des idéaux du sexe et de les considérer comme un bien pour le sujet, au point de le forcer à prendre une posture d'un côté ou de l'autre avant qu'il ait pu construire sa position. La clinique des sujets intersexes dérange de façon incontournable tout ce qui est institué sur la base d'universaux, révélant que la sexuation peut se réaliser au-delà de toute norme.

Il faut en effet se prémunir contre les raisonnements tout faits. La problématique intersexe est classiquement d'abord posée par rapport à un axe prépondérant, qui est celui de l'identité. Mais l'identité troublée ne doit pas nous faire oublier la question du désir, du choix d'objet, de la sexualité. Ni rejeter la question de la jouissance. On peut être conscient de son trouble, c'est autre chose que de faire un choix de jouissance. Comme l'a dit Lacan : « Il est inouï que l'on ne se soit pas encore aperçu que les problèmes de conscience sont des problèmes de jouissance[35]. » C'est en tenant compte de la façon dont chacun bricole son identité, fait avec son désir et ce qu'imposent les impératifs d'une jouissance qu'il ne contrôle pas, que doit être pensée la position d'un sujet troublé par une différence sexuelle ambiguë. La différence anatomique peut être floue, mal établie, troublée, ambiguë, reste la question de la position du sujet qui prend ses repères ailleurs que dans l'anatomie.

La sexuation ne peut être vue comme n'étant que l'œuvre de l'Autre. Elle implique le sujet, l'acte qu'il produit dans l'assomption subjective de son sexe, dont la cause peut être hétérogène à la détermination biologique ou sociale du sexe. Le sexe biologique n'est en lui-même pas décisif. Avec le biologique seulement, on reste dans l'indécision. Sans choix, on n'est ni d'un côté ni de l'autre. Ce que révèle la clinique des pseudohermaphrodites, qui doivent faire face à une biologie floue, c'est justement cette place centrale du choix du sujet dans la sexuation.

Chacun a à se situer donc par rapport à la différence des sexes, au-delà de l'anatomie, à travers un choix qui est aussi un choix de jouissance. On réalise à quel point le réel sexuel dépasse les universaux du sexe.

La clinique intersexe bute sur le choix du sujet, qui procède de l'acte plutôt que de la délibération. Ce choix s'impose comme un fait, une conclusion, une décision. Il est difficile de comprendre sur quoi il repose : celui-ci résulte d'un moment de conclure[36] qui prend la forme d'une évidence. On mesure donc le risque d'un trop-plein de certitudes en cas d'ambiguïté. Mais on peut craindre aussi l'excès de doute et la non-décision qui rendraient impossible l'acte par lequel le sujet décide finalement de son destin sexuel, en particulier de son choix de jouissance.

Le psychanalyste a l'habitude de travailler avec le délire. Avec l'ambiguïté génitale, c'est le corps qui sort du sillon. Avec un trouble de la différenciation sexuelle découverte à la naissance, c'est plutôt la réalité qui est sortie du sillon de la nature autant que des dimensions communes, symboliques ou imaginaires, de la différence.

On reste donc dans une cascade de questions irrésolues. Que dire à l'enfant ? Comment parler des organes génitaux, du clitoris, du vagin, mais aussi de l'utérus, des ovaires, des testicules ? Comment dépasser une fascination pour le biologique, sans l'oublier ? Que représente le choix du prénom ? Pendant longtemps, on a conseillé des prénoms ambigus. Aujourd'hui on préfère conseiller des prénoms dont le sexe est défini sans ambiguïté. Mais une telle perspective reste dans la logique des classes et de l'identité, dont on a vu qu'elle n'était de loin pas le seul élément dans la sexuation. Il y a aussi le problème de la stérilité connue dès la naissance. Comment en parler alors que règnent les théories sexuelles infantiles, qui insistent ensuite sur le noyau des fantasmes inconscients ? Tout en reconnaissant la place centrale donnée au génital dans la sexualité, comment ne pas l'utiliser comme un idéal posé *a priori*, qui recouvre le réel du sexe, la dimension insensée de la sexualité, le non-rapport et la solitude radicale qu'elle implique, même au cœur de la rencontre sexuelle ?

C'est certainement la série de ces questions irrésolues qui amène chaque sujet à inventer sa propre sexualité, de façon toujours singulière, au-delà de toute référence à un quelconque universel. C'est aussi la question de l'invention qu'on retrouve au cœur du processus de sexuation chez les intersexes comme chez les autres. Là aussi les choses se jouent au cas par cas, à travers un choix toujours singulier, sur la base duquel le sujet construit sa propre position, même si celle-ci reste pour une part aliénée à ce que l'Autre lui propose.

Le sujet reste toujours en suspens par rapport à la différence sexuelle, sur laquelle il bute inévitablement, se situant de façon complexe par rapport à elle. Ce qui n'empêche que la différence des sexes reste toujours au-delà, comme un réel incontournable, inexplicable, irrésorbable, quelles que soient ses incarnations biologiques ou ses formes psychiques ou sociales.

C'est ce réel impossible à saisir qui permet paradoxalement au sujet de se déterminer à travers les défilés de ses identifications et de ses choix, en posant son propre jeu dans la sexuation, et donc aussi dans la sexualité[37].

Choisir son sexe ? Pour pouvoir choisir, il faut qu'il y ait une différence par rapport à laquelle se situer. La différence est nette, pas le choix du sujet, qui peut rester incertain, ambigu – ce à quoi finalement résistent les démarches contemporaines d'intervention sur le sexe. Rappelons encore à ce propos ce que Freud disait dans ses trois essais sur la sexualité : « Pour l'être humain, on ne trouve pas de pure masculinité ou féminité, ni au sens psychologique, ni au sens biologique[38]. » C'est bien parce que la question de savoir ce qu'est la différence des sexes est sans réponse que chaque sujet vient à se situer à sa manière, de façon toujours singulière, finalement imprévisible, plus ou moins du côté homme ou du côté femme des êtres parlants, comme l'a construit Lacan dans les formules de la sexuation. La sexuation est bien autre chose qu'une conformation à une identité sexuelle.

Par rapport à la différence des sexes, à chacun son bricolage, à chacun sa solution, au-delà des idéaux du sexe, au-delà du sexe d'attribution, au-delà du sexe biologique, au-delà des certitudes assignées, mais au-delà aussi des incertitudes prescrites – qui peuvent conduire finalement à une aliénation paradoxale à la liberté. Quoi qu'il en soit, il s'agit d'aller au-delà de ce qui nous détermine, en préservant la place de l'inattendu. Même dans le génome, il y a une place pour le singulier, pour ce qui permet de ne pas s'aliéner, même à la liberté[39].

Disruptions dans le genre, clinique transgenre

Les usages contemporains de la différence des sexes peuvent nous laisser perplexes. Que se passe-t-il ? Comment s'orienter ? Les repères cliniques sont bouleversés, les positionnements classiques de la psychanalyse, mis en question. On fait véritablement face à un malaise quant au genre. Un malaise où l'expérience la plus intime est aussi simultanément connectée au plus collectif, au politique. Ce sont aussi les repères de la société qui sont remis en question, jusqu'aux cases sur les fichiers d'état civil, sur la carte d'identité.

Tranchant avec ce malaise, le sujet pris dans une perspective transgenre semble savoir où il en est ! Comme me disait un patient : « Ce n'est pas un choix, c'est un fait », exprimant dans ces termes sa volonté de passer d'un genre à l'autre, d'un corps à un autre.

Le monde du sexe et du genre change en effet plus vite que notre capacité à le suivre. À pouvoir le nommer aussi : quand on intervient sur le vivant, quand on modifie concrètement l'organisme, on touche aussi au langage. Les oppositions signifiantes ne fonctionnent plus. Où en est-on ? On ne le sait plus.

Changer de sexe : changer de différence

« Je ne suis pas ce que je suis », « je ne suis pas ce que mon corps fait voir », « je ne suis pas du sexe que j'ai » : entre être et avoir, les formulations sont multiples. On se retrouve comme dans *La Nuit des rois* de Shakespeare, qui a d'ailleurs comme sous-titre *Ou ce que vous voudrez*, où toutes les différences sont mises en abîme : l'Autre se retrouve dans le même, le même dans l'Autre.

La nuit des rois, c'est celle du 6 janvier, la nuit de tous les renversements : tout se confond, tout bascule. Il n'y a plus d'opposition : masculin et féminin, soi et autre, être et paraître, on s'y perd ! C'est la nuit de toutes les méprises. Une femme devient un homme, des jumeaux ne se reconnaissent plus, on ne sait plus qui est l'un et qui est l'autre. Plus de différence des sexes, plus de différence d'identités, tout est dans la symétrie, le miroir, l'illusion, au point que ce qui est n'est pas.

Viola se travestit et devient Césario, qui du coup est et n'est pas à la fois. Comme le dit Césario : « Je ne suis pas ce que je suis » (acte III, scène 1). Comment peut-on être et ne pas être à la fois ? C'est le paradoxe du comédien[40]. C'est aussi le paradoxe des personnages de *La Nuit des rois*, habités par une double crise : une crise de l'identité et une crise du désir. Ce qui est une contribution à relever quant aux débats actuels – la problématique de l'identité ne doit pas écarter celle du désir, du choix sexuel.

Dans *La Nuit des rois*, chacun ne sait plus qui il est quand il désire, ni même qui est celui ou celle qu'il désire. Le sujet et l'objet perdent leurs différences. On va d'erreurs en étonnements, de surprises en renversements : l'imbroglio est généralisé, tant des désirs que des identités.

S'y révèle un versant étrange de l'amour, incompréhensible, qui bouleverse tout ce qu'on croyait ordonné. La pièce commence du côté de l'amour dans sa version idéalisée. L'objet aimé occupe la place de l'idéal, selon le scénario classique de l'amour courtois. Orsino, le duc d'Illyrie, est convaincu d'aimer Olivia, la comtesse : « Quand mes yeux virent Olivia pour la première fois, il me semblait qu'elle purgeait l'air de toute pestilence ; à cet instant, je fus changé en biche et mes désirs, tels de farouches et cruels limiers, me traquent depuis lors » (acte I, scène 1). Tout s'est joué à partir d'un coup d'œil, d'un regard où tout s'est décidé et qui a décidé de tout. Mais, en même temps, ce regard décisif dévoile les mirages de l'identité et les mirages du désir.

C'est ainsi que le regard initial se réfracte, se diffracte et se perd, faisant aller de méprise en méprise : méprises de l'amour et méprise de l'identité. Méprise d'un amour à un autre, d'une identité à l'autre. Tout débute avec les deux jumeaux, Viola et Sébastien, féminin et masculin, dont la ressemblance frappante ne finit pas de créer de facétieux quiproquos. De travestissements en retournements : entre gémellité, ressemblance, ambivalence, déguisement, ambiguïté, se révèle l'instabilité des apparences qui fait que plus rien n'est de ce qu'on pensait être. *La Nuit des rois,* c'est une leçon sur la différence, sur la frontière entre l'identique et le différent, y compris à propos de la différence des sexes. Tout dépend du point de vue : suivant celui qu'il adopte, le sujet peut se voir double, multiple, pluriel, divisé. Il peut avoir l'impression d'être trompé par son anatomie même.

Si tout se joue dans le semblant ou dans l'illusion dans *La Nuit des rois,* dans le jour du monde d'aujourd'hui, on en vient à intervenir concrètement sur le corps. Dans les problématiques transsexuelles, on transforme directement le corps, par les hormones, par la chirurgie, pour satisfaire le point de vue en jeu, pour modifier l'anatomie, pour permettre au sujet d'atteindre l'autre genre quand il ne croit plus qu'au sien.

La confusion des genres

Mais s'agit-il vraiment d'un autre genre ? Tout ne se joue pas dans le genre binaire, qui implique de passer d'un genre à l'autre, du masculin au féminin, ou du féminin au masculin. On n'est pas que l'un ou l'autre. Certains ne veulent être ni l'un ni l'autre, désirant rester agenre, adoptant résolument un genre neutre, dans le but d'échapper à la problématique du genre, à sa binarité, à ses oppositions. Enfin, il y en a d'autres qui se définissent comme bigenres, *queer*, qui veulent rester à la fois dans l'un et l'autre genre, ou entre les deux.

Suivant la tendance contemporaine au relativisme, tout serait ainsi possible entre le masculin et le féminin. En est-on venu au temps de ce que l'on appelle le genre fluide, comme il y a l'*amour liquide*[41] ? On semble vouloir valoriser une identité flottante quant au genre jusque dans la relation entre les parents et les enfants. Au point que certains pensent qu'il ne faudrait pas figer une identité de genre à travers l'éducation des enfants. Certains désirent rester dans l'ambiguïté, s'offrant au regard de l'Autre afin que ce soit l'Autre qui choisisse de quel genre il est[42]. Un genre supposé par l'Autre. Ces situations procèdent d'un rapport particulier à la différence. La différence n'est plus une donnée, un c'est comme ça. Elle est plutôt vue comme quelque chose d'aménageable, de discutable, d'arbitraire. Faut-il adopter le point de vue de la différence ? Pourquoi ne pas voir plutôt les choses d'une autre manière ? Tout pourrait être considéré différemment. La différence pourrait être différente. C'est un garçon, effectivement, mais ça aurait bien pu être une fille. Ou le contraire. Pourquoi ne pas changer ce qui est, puisque ça aurait pu en être autrement ? Telle est la curieuse dialectique, finalement non dialectique, au-delà de tout principe de contradiction et de négation, dans laquelle s'engagent les adeptes du genre fluide.

La problématique de l'identité vient parfois prendre le dessus sur celle du désir. Il n'y a pas, en effet, que l'axe de l'identité pour interroger ces situations mais aussi celui du désir. Quel désir est en jeu ? Là aussi les désirs se déclinent de façons multiples. Hétérosexuels, homosexuels, mais aussi bisexuels ou asexuels. Comme cette jeune au projet transsexuel, qui me dit être amoureuse d'un transsexuel asexuel. On mesure à quel point il n'est pas toujours facile de se repérer dans cette clinique nouvelle.

Repères cliniques de la transition de genre

Quels repères se donner pour aborder cette clinique nouvelle ? Il s'agit d'être attentif à toute une série d'attributions que réalisent ces sujets, en amont de toute intervention médicale. Des opérations subjectives à travers lesquelles ils se rangent d'un côté ou de l'autre de la différence des sexes, ou des deux côtés, ou entre deux, ou ni l'un ni l'autre : ils « s »'attribuent ainsi du même coup une nouvelle origine, un nouveau prénom, un nouveau corps, ou plus exactement un corps à transformer, une nouvelle sexualité, une certitude, et parfois même une possibilité de procréation.

Se donner une origine

Le genre est arbitraire comme l'origine. Tout cela est le fruit du hasard. Quelque chose d'autre aurait pu en résulter. Ils auraient pu naître homme à la place de femme, femme plutôt qu'homme. De toute façon, leur père aurait pu être un autre homme, leur mère une autre femme. Cela aurait pu être un autre spermatozoïde, un autre ovule. D'autres chromosomes. Un X à la place d'un Y. Un Y à la place d'un X. Ils se refusent ainsi au paradoxe des futurs contingents qui fait que le contingent devient inévitablement du nécessaire par effet de rétroaction. Tout aurait pu être possible. Donc, tout est échangeable. Il n'y a pas de fait, d'acte absolu, pas d'acte de passage. D'où peut-être cette volonté à tout prix d'en réaliser un. De se donner une nouvelle origine que cette fois-ci on décide. Le genre étant arbitraire, on peut en changer. En changeant de genre, on change du même coup d'origine.

Se donner un prénom

Le changement de genre va avec une *nomination* nouvelle que le sujet se donne, parfois même avec les parents. Ce processus peut même être relayé par les services officiels de l'État : « Le service d'état civil et de législation sur délégation du département de la sécurité et de l'économie, vu la requête du —–, vu les motifs invoqués et les pièces présentées, vu les articles —— du Code civil et —–, et suivant la loi sur l'état civil, arrête que M. —— domicilié à —–, né à —–, fils de —–, est autorisé à changer de prénom et à se prénommer désormais ——. »

Passer d'un prénom à l'autre constitue un acte de passage. Certains veulent déjà changer de prénom avant toute intervention médicale. D'autres, au contraire, attendent la chirurgie de réassignation et les effets des hormones avant de faire ce changement symbolique. Quel prénom choisir ? Homophonique avec leur prénom précédent ? Totalement différent. Choisi par eux-mêmes ? Ou choisi avec leurs parents ? Le nom de famille est transmis, le prénom est choisi. Ce choix fait fonction d'acte de passage.

Reste à le faire admettre socialement, en passer par l'état civil, les registres, les inscriptions, la carte d'identité, les papiers. Que cela soit notifié quelque part, écrit : un acte de passage qui passe par l'Autre, que l'Autre en prenne note et du même coup y participe. L'instrumentation d'instances officielles de nomination compte beaucoup : qu'un acte de passage ait lieu qui prenne acte d'un passage à l'acte qui a été réalisé sur le corps.

Se donner un corps

Les patients transgenres ne supportent pas leur propre corps. Depuis l'enfance, ils se sentent prisonniers d'un corps qui n'est pas le leur. Ils se sentent autres, différents de ce que montre leur corps. Ils ne se voient pas comme on les regarde. Selon eux, la biologie n'a pas fait son travail : « Je ne suis pas dans mon corps », « je ne suis pas dans le corps que j'ai », « je suis autre ». Ils ne se sentent pas du même sexe que leur corps. Une imposture biologique doit s'effacer. Dans une sorte de précipitation identitaire, ils veulent obtenir un corps qui soit le leur.

Ces patients se vivent soit comme un garçon dans un corps de fille, soit comme une fille dans un corps de garçon. Il faut tout faire pour modifier tant leur identité que leur regard sur eux-mêmes ou le regard de l'Autre qui leur attribue un sexe qui n'est pas le leur. Leur corps n'incarne pas ce qu'ils sont. Ils se sentent poussés par leur corps vers un destin « corporel » qui ne leur correspond en rien. La puberté leur est insupportable. D'où de multiples stratégies, vestimentaires, cosmétiques. Comme cette jeune adolescente de 14 ans qui ne supportait pas ses seins. Elle les comprimait par un bandage spécifique acheté sur Internet dans un pays asiatique, tout en cachant sa poitrine derrière des T-shirts amples. Elle ne supportait pas ses règles et mettait un stérilet pour les supprimer. Mais les stratégies peuvent aussi devenir endocriniennes, à travers des demandes de prescription hormonales, pour réaliser un blocage de la puberté.

Il s'agit pour eux de contourner le passage de la puberté à travers un rite de passage paradoxal qui vise à éliminer les signes de la puberté, afin que celle-ci s'absente dès ses premiers signes. Leur rite de passage consiste à ne pas avoir le passage de la puberté.

Les hormones sont aussi demandées pour infléchir le corps d'un côté ou de l'autre, certains pour quitter le féminin, d'autres pour aller vers le féminin, ou de même pour le masculin, qu'on refuse ou qu'on veut obtenir. Tous les bricolages sont possibles grâce à la plasticité du corps. Avoir une barbe. Ne plus avoir de pilosité. Changer de voix. Changer la courbure des hanches. Tout est bon pour modifier le corps, pour qu'il puisse incarner la position du sujet par rapport à la différence des sexes, dans une volonté absolue de changer de sexe.

Par contre, certains font au contraire le choix de l'ambiguïté, d'être bigenres, ou agenres, ou de faire en sorte que revienne à l'Autre le choix de leur attribuer un genre ou un autre.

Ils optent donc pour un corps ambigu qui leur laisse la liberté d'être insaisissables, de pouvoir passer à leur gré d'un genre à l'autre – comme s'il n'y avait pas d'acte de passage irréversible, comme si le genre était réversible, biface, échangeable.

Se donner une sexualité

Certains font leur choix d'identité par rapport à leur désir. Comme cette patiente qui dit : « J'éprouve un désir pour une autre femme, donc je suis un garçon. » Son désir lui prouve qu'elle a une identité « autre ». Une jeune adolescente n'a jamais eu de doute d'être un garçon : la preuve, c'est qu'elle n'a du désir que pour des filles. C'est aussi, pour elle, la preuve qu'elle est absolument hétérosexuelle. C'est d'ailleurs seulement quand elle est avec une fille qu'elle se sent vraiment un garçon : un garçon hétérosexuel. Quand elle sera devenue l'homme qu'elle est, elle pourra enfin vivre en tant qu'homme son désir pour les filles.

Certains se disent « hommes-fleurs », ou « hommes lesbiens » : ils aiment les femmes au point de leur ressembler, au point de le devenir. Ils deviennent femmes pour enfin pouvoir coucher avec une femme.

En contrepoint, une adolescente qui est dans la conviction d'être un homme, dit aimer les femmes : évidemment, c'est qu'elle est hétéro. Elle se fait ainsi à elle-même la démonstration de son hétérosexualité en embrassant une fille à la récréation.

Quoi qu'il en soit, se donner une origine, un prénom et un nouveau corps ne dit pas quel choix est fait quant au désir du corps de l'Autre.

Il y a parfois un rapport souvent conflictuel entre sexe et genre quand on touche au genre. Un jeune homme qui veut devenir femme, qui en est au stade de la prise d'hormones et qui est déjà pris socialement pour une femme, redoute qu'on découvre son sexe à travers son excitation lorsqu'il se fait embrasser. Il veut prendre plus d'hormones féminisantes pour éviter l'érection. On se retrouve en pleine confusion des sentiments entre sexe et genre.

Certains découvrent leur sexualité dans la phase de la prise d'hormones. Et ils refusent de la sacrifier sur l'autel de leur changement de genre. Comme ce jeune homme qui choisit l'ambiguïté pour être pris parfois pour un homme ou parfois pour une femme, et prendre à son tour l'autre femme ou l'autre homme de façon hétérosexuelle ou homosexuelle. Il décidera d'ailleurs de renoncer à l'opération, comme s'il ne fallait finalement pas d'acte ni d'acte de passage pour que tout soit toujours possible.

Se donner une certitude

« Il ne s'agit pas d'un choix, mais d'un fait » : ce type d'affirmation est fréquent et témoigne d'une certitude étrange, d'une nécessité de certitude, d'une certitude à se donner. C'est un fait : donc il s'agit de rejoindre ce que les faits imposent.

La transsexualité tourne autour de la certitude en jeu, qui fait que tout se pose dans d'autres repères que ceux propres à une problématique de choix. Dans la perspective transsexuelle, les jeux sont faits. Le sujet est dans la certitude de ne pas être du côté de la différence que sa naissance lui a imposée. Il est dans la certitude d'être né avec une fausse anatomie. Cette certitude est présentée comme absolue. En découle un choix qui s'impose dans le même registre de certitude. Il s'agit d'un choix inébranlable soutenu par cette étrange certitude : une certitude qui s'impose, inexplicable, sans autre raison qu'elle-même, une certitude sans extériorité. Tout est posé sans le moindre doute, dans une certitude inébranlable.

Cette certitude est frappante. Elle intrigue en ce qu'elle n'interroge pas le sujet. De quoi s'agit-il ? D'une conviction ? D'une croyance ? Une croyance en ce que va permettre le fait d'avoir cet autre sexe que le sien ? Un bouchon contre l'angoisse ? Cette certitude s'exprime aussi par le fait que le sujet ne manifeste aucune crainte par rapport à l'opération. Il a peut-être paradoxalement besoin de cette certitude pour affronter tout cela, pour y croire aussi. En tout cas la certitude a aussi une fonction et n'est pas seulement une cause. C'est une certitude nécessaire. Son statut reste ainsi une énigme. C'est une énigme que cette certitude soit pareillement sans énigme pour le sujet.

Se donner une procréation

Les protocoles classiques de transition dite transsexuelle au sens plein impliquaient la perte de la possibilité procréative. Ce qui n'a pas empêché que certains, une fois en couple, adoptent un enfant, ou en conçoivent un à travers un don de gamète – leur relation avec l'enfant issu du couple avec un transsexuel a même été démontrée positive. Le Cecos (Centre d'étude et de conservation des œufs et du sperme) de l'hôpital Cochin a ouvert en 1999 un programme pour l'insémination artificielle avec donneur (IAD) de la compagne d'un homme d'origine transsexuelle : une étude de ces pères d'un nouveau genre en a résulté, qui a montré l'évolution positive de ces enfants de même que de la parentalité trans[43].

Quoi qu'il en soit, dès avant ce type de choix, les adolescents transgenres se confrontent à la question de la procréation au moment de la prise d'hormones : les endocrinologues leur proposent en effet de préserver leurs gamètes pour échapper au risque de perturbation irréversible de la fertilité que peut entraîner l'hormonothérapie. Ceux qui changent de genre sont donc confrontés malgré eux à la question de la procréation. Certains le supportent mal, vivant cette possibilité de façon presque traumatique relativement à leur projet de changer de sexe qu'ils n'associent en rien à un projet procréatif.

Aux femmes qui deviennent des hommes, on peut leur permettre de conserver leur utérus. Parfois elles le demandent. Et en font usage ensuite pour porter un enfant, comme le fameux cas de Thomas Beatie, qui, devenu homme, a pu porter les enfants du couple à la place de sa conjointe stérile, qui ne le pouvait pas : d'où ces photos troublantes, largement propagées par la presse, d'un homme barbu, enceint – *the pregnant man* –, montrant fièrement son ventre poilu de grossesse.

Bref, une personne assignée fille à la naissance peut devenir un homme transsexuel, tout en demandant à être reconnu comme mère si elle porte un enfant dans l'utérus qu'elle aurait conservé, ou si elle utilise ses propres ovocytes qu'elle aurait conservés. À l'inverse, une personne assignée garçon à la naissance, une fois devenue une femme trans, si elle procrée avec ses propres spermatozoïdes si ceux-ci ont été préalablement conservés, peut demander d'être reconnue comme père en tant que femme. On est donc entré aujourd'hui dans une époque où l'on peut être à la fois femme et père, ou homme et mère.

Cela montre en tout cas à quel point des choix peuvent être faits bien au-delà des défilés de la nature.

Tensions actuelles

Les tensions concernent la question de l'accès à la transition de genre chez les enfants, avec des critiques envers certaines consultations pour enfants trans, considérées comme trop interventionnistes.

En Angleterre des procédures juridiques ont été engagées par certains adultes ayant subi ces traitements avant leur majorité et ayant amorcé ensuite une « détransition ». Ces plaignants ont objecté que les protocoles ont été mis en place alors qu'étant enfants ils n'avaient pas la capacité de comprendre leurs implications (jugement Bell contre la Tavistock Clinic) et donc de donner un consentement éclairé et réel à ces protocoles – d'où un processus judiciaire qui a abouti à la mise en question des consultations pour enfant trans de la Tavistock Clinic, aboutissant à un renversement des pratiques, au point qu'en décembre 2020 la Haute Cour de justice du Royaume-Uni a interdit tout traitement de transition chez les enfants de moins de 16 ans.

En France un appel de l'Observatoire des discours idéologiques sur l'enfant et l'adolescent (impacts des pratiques médicales sur les enfants *diagnostiqués* « dysphoriques de genre ») critique aussi les positionnements des consultations spécialisées pour trans enfants et adolescents, estimant que ces professionnels entrent trop vite en matière pour les enfants. Ce manifeste fait suite à un film documentaire sorti sur une chaîne de télévision (Arte), *Petite fille*[44], qui décrit le trajet d'une enfant

MtoF et en particulier la question de l'accès à la préservation de fertilité proposé dans la perspective d'un blocage endocrinien de la puberté.

En contrepoint, des consultations multidisciplinaires spécialisées dans la clinique de transition de genre chez l'enfant ont réagi de façon très critique face à cet appel qu'ils ont considéré comme une attaque contre leur pratique auprès des enfants et des adolescents, réfutant finalement la vision idéologique de ceux qui les accusent de pression idéologique sans reconnaître leur clinique.

Bref, il y a ceux qui rencontrent ces patients et il y a ceux qui réagissent sur le plan idéologique. Il y a ceux qui sont pour, il y a ceux qui sont contre. Ce qui n'empêche que la question du débat entre le choix de l'enfant et les prêts-à-porter du genre comme du changement de genre se pose, surgissant dans l'actualité contemporaine.

Un contraste frappant apparaît : les intersexes militent contre les interventions précoces, alors que les militants trans, eux, au contraire, revendiquent l'accès à ce type d'interventions – une opposition peut-être seulement apparente entre deux mouvements qui se rejoignent en effet autour de la possibilité de l'autodétermination de l'enfant. Ce qui n'empêche que la question du consentement de l'enfant est fortement engagée. Quelle est la version inconsciente d'un consentement conscient ? Qui consent à quoi ? Par exemple, pour la préservation de fertilité chez l'enfant, c'est le plus souvent d'abord la demande des parents qui désirent récupérer quelque chose du genre initial de leur enfant à travers la perspective d'une filiation : quelque chose d'autre vise à être conservé à travers la conservation des gamètes – ce à quoi certains adolescents réagissent fortement, ce qui les renforce dans un refus de préservation de fertilité qui prend dès lors une autre signification qu'une perspective procréative.

Qu'on soit pour ou contre ce type de démarche précoce – qu'on fasse partie de ceux qui s'y opposent ou qu'on soit trans-affirmatif comme on le dit aujourd'hui –, on se retrouve face aux mêmes points de butée : ces butées logiques propres aux limites du logos[45], qu'on a déjà mises en avant à propos des biotechnologies de la procréation.

Des limites dont il s'agit de ne pas s'écarter, qu'il ne faut pas rejeter, surtout aujourd'hui où la question de l'identité risque de remplir toute la scène, jusqu'à forclore le sujet de son identité. Il y a en effet l'identité qui singularise, mais il y a surtout l'identité qui assigne à l'universel, où tous les trans sont supposés semblables, *a priori*.

On pourrait mentionner quelques-uns des points de tension en jeu dans ces débats.

Premièrement, la question de la *réversibilité* ou de l'*irréversibilité* de ces démarches, qu'elles soient chirurgicales et endocriniennes – en particulier autour du traitement hormonal pour le blocage de la puberté.

Deuxièmement, la question de la *préservation de fertilité* qui implique le consentement de l'enfant, même si c'est plus souvent une demande des parents qui désirent maintenir une perspective de filiation, par-delà le changement de genre de leur enfant.

Troisièmement, la question du diagnostic de *dysphorie de genre* qui voudrait participer d'une « dépathologisation » de la transition de genre – voir le *DSM-5* mais aussi la déclaration de Roselyne Bachelot en 2009, alors ministre de la Santé – mais qui est devenu un passage obligé pour obtenir des remboursements.

La nouvelle version de la Classification internationale des maladies, *CIM-11*, introduit la notion d'incongruence de genre (dès le 1er janvier 2022) à la place du diagnostic de dysphorie de genre – où il ne s'agit plus d'une pathologie mentale mais d'une condition liée à la rubrique « Santé sexuelle ». Ce changement de perspective risque par contre de faire buter sur la question des remboursements par les systèmes d'assurance des interventions médicales que requiert une transition de genre.

Aux États-Unis, un débat diagnostic a émergé à partir de la Brown University, autour des travaux de Lisa Littman[46] qui a mis en avant l'idée d'un diagnostic de ROGD (*rapid onset gender dysphoria*) qui définit le projet trans comme étant transitoire chez les jeunes, ce qui ne justifierait pas des transformations irréversibles. En contrepoint, la communauté universitaire a abouti à une critique des travaux de Littman, qui a dû revenir en arrière[47], suite aussi à l'ire des mouvements LGBTQI+. Ce qui n'empêche que les articles de Littman circulent aujourd'hui chez les parents ouvertement opposés aux stratégies des équipes de consultation trans.

Quatrièmement, une autre source de tension pourrait être repérée entre le monde du genre binaire, des transitions y compris des transitions de genre de féminin à masculin ou de masculin à féminin, et le monde bigenre, du genre fluide, de ceux qui choisissent d'autres solutions que binaire. On pourrait dire qu'il y a ceux qui restent pris dans des idéaux binaires du genre et ceux qui les subvertissent, dans une conception bigenre, *queer*, de ceux qui sont adeptes d'un genre fluide, changeant, évoluant de façon incertaine en fonction des bricolages de chacun.

Quoi qu'il en soit, la question au-delà de toute cette tension est de savoir de quoi le phénomène des demandes de transition de genre est le signe, aussi bien individuellement que collectivement : quelle nouvelle forme de malaise dans la civilisation est en jeu par rapport à ce malaise dans le genre ? Une question qui reste d'ailleurs présente quelle que soit sa position, qu'on soit pour ou contre ce type de démarche.

Une solution sinthomatique ?

Comment donc s'orienter aujourd'hui dans la psychanalyse face à la demande de transition de genre ? À quel repère se référer ?

Une position classique dans la psychanalyse – qui lui a valu des critiques massives[48] – est de rapporter la transidentité à la psychose, en évoquant le fait que la conviction du sujet ne s'appuie plus en effet sur une réalité, mais sur une certitude[49]. Mais de quelle certitude s'agit-il ? Comme on l'a vu, c'est le plus souvent une certitude étrange, diverse, qui devrait être vue de façon différentielle plutôt que pathognomonique. D'ailleurs, s'agit-il d'une certitude, ou d'une croyance, ou d'une illusion ? Et à quoi répond cette conviction ? C'est en tout cas une certitude qui vient en contrepoint d'une question insoluble que formule Lacan : « Pour ce qui est de définir ce qu'il en est de l'homme ou de la femme, la psychanalyse nous montre que c'est impossible[50]. »

Pour accéder à l'autre sexe, faut-il réellement en payer le prix, celui de la différence, qui passe trompeusement au réel par l'intermédiaire de l'organe. Comme le dit Lacan, « l'erreur commune[51] » porte sur le fait de se croire homme ou femme. L'organe n'est instrument que par le truchement d'un signifiant : « C'est en tant que signifiant que le transsexualiste n'en veut plus (de cet organe), et non pas en tant qu'organe[52]. »

Quoi qu'il en soit, la clinique révèle que les choses ont changé et qu'il s'agit de le réaliser : il est devenu possible de refaçonner son corps au-delà des oppositions anatomiques, peut-être au-delà des oppositions signifiantes, de le réinventer concrètement. Un monde nouveau se présente à nous, plus vite parfois qu'on est capable de le saisir. Un monde s'invente : ce qu'on peut en dire aujourd'hui pourra paraître inadéquat demain. Tel est l'enjeu auquel on est confronté. Pour l'aborder il faut respecter sa part d'énigme – l'énigme, la possibilité du malentendu, l'irréductible de la singularité, tels sont les repères auxquels on devrait s'accrocher d'abord pour faire face à ce qui est en train de changer.

On pourrait considérer que ce qu'on rencontre aujourd'hui, ce sont de nouvelles inventions du genre, qui sont des solutions[53] pour certains plutôt que des troubles. Des solutions qui stabilisent le sujet, offertes par un discours établi[54], dont il arrive à se saisir. Le projet de transition de genre offrirait ainsi une dimension manquante[55], produisant un effet de stabilisation pour le sujet, une issue qui passe par la nécessité d'une transition. Si bien que l'enjeu central pour le psychanalyste face à la clinique transgenre, sous transfert, c'est d'abord de s'ouvrir aux caractéristiques de la solution de chaque sujet, sans se laisser piéger par le discours commun : suivre plutôt les voies chaque fois singulières et nouvelles d'inventions qui ne cessent de nous surprendre, voire faciliter ces trouvailles qui protègent le sujet d'un réel impossible à supporter.

Une issue par le malentendu

Comment se situer comme psychanalyste face à ces nouvelles demandes ? Ces butées se traduisent dans une série d'inévitables malentendus. Plutôt que de les rejeter, il s'agit d'en faire usage.

Le malentendu est une version subjective de la butée. Le malentendu est toujours particulier, mis en jeu dans le bricolage propre à chacun dans le processus de sexuation. Il s'agit d'abord de laisser la place à la parole singulière, à ses malentendus, qui vont bien au-delà des débats identitaires contemporains.

Comme on l'a déjà développé à propos de l'origine[56], ce qui caractérise la psychanalyse, c'est justement de faire usage du malentendu, de s'en servir vers une issue. Comme l'a dit Lacan, l'exploit de la psychanalyse, « c'est d'exploiter le malentendu[57] ».

La transition de genre est une manière de faire avec le corps comme malentendu – ce corps qui ne fait son « apparition dans le réel que comme malentendu[58] », comme le précise Lacan : « C'est ce qui explique votre malaise dans votre peau, quand c'est le cas. »

Au-delà des butées et des controverses autour des transitions de genre, il s'agit donc de faire usage des malentendus, au cas par cas, au-delà de tout *a priori*.

Retrouver l'enfant comme chercheur, ce qui passe par une autre transition, celle qui consiste à transformer la certitude en énigme, à reconnaître le versant de la transition comme solution pour l'enfant. À nous de donner une place à sa solution, toujours unique, toujours différente, toujours surprenante, au-delà des discours idéologiques en jeu.

CHAPITRE 3

Les pièges du destin

L'origine du monde – mort et naissance

La naissance, c'est l'entrée dans le temps, en cet instant où l'enfant surgit du corps de la mère, avec ceux qui sont là pour l'accueillir, le père qui est présent, prêt à couper le cordon, les gestes du gynécologue ou de la sage-femme qui accompagnent l'extraction de ce petit corps encore plein de mucus, de sécrétions et de sang, qui émerge comme un plongeur après une longue apnée. C'est en effet aussi l'instant où le système respiratoire s'ouvre d'un coup pour se substituer à la voie placentaire et ombilicale. Et c'est le premier cri, un cri du vivant, avec la colonne d'eau expulsée des voies respiratoires. La naissance est un moment inaugural, impressionnant, qui implique le passage d'une vie branchée sur la mère vers le fait d'être jeté dans le monde – un monde auquel il doit faire face tout autant qu'au vivant qui le constitue.

Naissance et mort

Ce qui marque cette venue au monde, c'est l'incomplétude caractéristique du petit d'homme – le plus inachevé des vivants. Il a besoin de l'Autre pour survivre : l'Autre lui est nécessaire non seulement pour vivre, mais aussi pour atteindre une satisfaction. L'Autre lui est tellement nécessaire qu'il peut en devenir ultérieurement potentiellement menaçant. S'il peut lui permettre de vivre, mais aussi d'atteindre une satisfaction, il peut aussi l'en priver. C'est ainsi que l'Autre duquel il advient peut devenir menaçant.

C'est ainsi que la venue d'un enfant au monde implique aussi l'angoisse. Pas de réponse à la question de savoir à quoi répond sa venue au monde, ici et maintenant. D'où vient-il ? De la mort d'avant, de cette grande mort d'en arrière comme la désigne Ramuz[1] ? D'une autre mort que celle qui ne peut être qu'attendue, sans qu'on ne sache ni quand ni comment elle surviendra.

La mort sous-tend la vie en même temps qu'elle est en projet dans la vie. Elle est donc inéluctablement contenue dans la vie, comme le dit si bien Montaigne : « Le jour de votre naissance est le premier pas sur le chemin qui vous mène à la mort aussi bien qu'à la vie[2] », en citant aussi Manilius : « En naissant, nous mourrons ; la fin vient au début. »

Mais la mort porte aussi la vie. Sans le fait d'être mortel, il n'y aurait pas le sentiment de la vie. Si la mort est en jeu dès la naissance, le fait d'être venu au monde en un tel temps et en un tel lieu reste pour chacun un réel encore plus irreprésentable que la mort. Encore une fois, on peut répéter ce que dit Montaigne, avec humour : « Il est donc aussi fou de pleurer parce que nous ne vivrons pas dans cent ans que de pleurer parce que nous ne vivions pas il y a cent ans[3]. »

Pourtant, avec la naissance vient inévitablement la question de la mort. Le fait de naître va avec le fait de ne pas être immortel. Si l'humain devenait immortel, il n'y aurait peut-être plus de naissance. Naissance et mort, ces deux extrêmes sont liés, indissociables. On pourrait évoquer à ce propos le mythe de Pandora, la première femme, un artifice créé par les dieux, qui introduit les humains au fait d'être hommes et femmes, à partir de quoi il faut être deux pour faire un, en se reproduisant de façon sexuelle – et non plus un individu venant d'un individu, comme dans l'autochtonie[4] –, ce qui introduit du même coup les humains au fait d'être mortels : « Puisque nous ne sommes plus des immortels, il nous faut naître, sortir d'un ventre. [...] Et si vous naissez, alors ça veut dire que vous allez naître petit, puis grandir, puis vous fortifier, devenir adulte, vieux et finalement mourir. Pas de naissance sans mort[5]. »

La mort d'un enfant à la naissance interroge particulièrement cette proximité, la révèle de façon cruelle. La finitude de la vie, qui devrait donner sa portée à la vie, vient lui mettre un terme d'emblée, avant même que celle-ci puisse s'accomplir d'une quelconque manière.

La mort à la naissance, c'est aussi l'inachèvement du petit d'homme porté à son comble. Une forme si extrême d'inachèvement qu'elle met un terme dès le commencement. D'où un deuil qui peut être impossible : l'impossible deuil de celui qui n'a pas vécu. Il n'y a que le trou, le vide, une soustraction de ce qui n'a pas pu être vécu. Il ne reste que l'incandescence de ce qui n'a pas eu lieu, irrésorbable.

La mort d'un enfant à la naissance est une disparition qui a lieu sans que celui à qui elle arrive le sache : une mort sans le savoir. Ce qui se joue pour celui qui disparaît restera à tout jamais inaccessible. Par contre, c'est une mort qui traumatise ceux qui l'entourent. Le traumatisme d'une perte impossible à supporter. Qui se redouble du traumatisme de la perte de tout ce qu'on imagine de ce qui aurait pu advenir si cette mort n'avait pas eu lieu : la scène laissée vide peut se révéler encore plus encombrante que l'effraction de la mort à la naissance.

La vie et la mort sont liées indissociablement. Dès la naissance, mais aussi dès la conception. La stérilité – une sexualité stérile – peut être vécue comme une sorte de mort : une mort d'avant la conception. Il y a un lien entre le sexe et la mort, rendant impossible la procréation.

Sexe et mort

Il s'agit donc de penser le lien entre le sexe et la mort – une mort incluse dans l'origine comme dans la sexualité. C'est peut-être là le versant troublant du fameux tableau de Courbet, *L'Origine du monde*. On ne cesse de se demander ce qui est si bouleversant dans ce tableau, si sidérant. Bien sûr, il oblige à faire face au sexe de la femme, là d'où chacun a émergé. Bien sûr, il pointe la différence des sexes à laquelle on ne peut se soustraire, avec le mystère du sexe féminin. Mais il indique aussi au-delà de ce qu'il montre la présence de la mort : ce sexe est à la fois le lieu d'où en un temps la vie a émergé, mais aussi le lieu de l'entrée dans le temps, à partir duquel s'inaugure un trajet vers la mort. Le sexe et la mort, l'origine et la mort, c'est aussi ça, le scandale qu'apporte le sexe féminin de *L'Origine du monde* – le mot scandale étant pris au sens étymologique du terme, c'est-à-dire l'obstacle sur lequel on bute inévitablement. On retrouve la butée de l'impossible, une butée inaugurale, dans ce lien entre le sexe et la mort que montre scandaleusement le sexe féminin de *L'Origine du monde*.

Ce scandale fait retour dans le statut contemporain de l'image de la naissance. Il y a de plus en plus de demandes de filmer la naissance, dans les salles d'accouchement. Certains obstétriciens ne le supportent pas, ils refusent que les pères se mettent en dessous du sexe de la femme pour filmer en direct la naissance, pour voir ce que la femme elle-même ne peut voir. Ils refusent ce type de regard frontal sur le sexe féminin. Et demandent aux pères de filmer en restant à la hauteur du visage de la mère. Il y a aussi le film de l'ICSI, injection intracytoplasmique de spermatozoïdes, nécessaire à cette opération où l'on manie le spermatozoïde pour le faire pénétrer dans l'ovule à travers un trou fait au laser.

Quel est le destin de ces images ? Qu'en fait-on ? Que peut représenter de voir le film de son accouchement, ou de sa conception par ICSI ? On pourrait imaginer projeter en enfilade avec les souvenirs familiaux le film de l'ICSI, devant toute la famille, avec les tantes, les marraines, les grands-parents. Est-ce qu'on passerait de même le film d'une conception habituelle, non médicalement assistée ? On mesure en tout cas à quel point tout cela recouvre quelque chose de beaucoup plus complexe qui touche à une dimension de perplexité et d'angoisse par rapport à l'origine sexuelle.

L'origine met à la fois en jeu le sexe et la mort. C'est aussi ce qui est au centre du fameux rêve inaugural, fondateur de la psychanalyse : le rêve dit de l'injection faite à Irma, que Freud développe dans *L'Interprétation des rêves*[6]. C'est un rêve d'angoisse de Freud devant la bouche d'Irma, où il y a un glissement de la bouche au sexe que Lacan commente : « Il y a là une horrible découverte, celle de la chair qu'on ne voit jamais, le fond des choses, l'envers de la face, du visage, les secrétats par excellence, la chair dont tout sort, au plus profond même du mystère, la chair en tant qu'elle est souffrante, qu'elle est informe, que sa forme par soi-même est quelque chose qui provoque l'angoisse[7]. » Ce trou d'où la vie est issue est aussi celui de la mort : le fond de la gorge d'Irma, c'est à la fois « l'abîme de l'organe féminin d'où sort toute vie, que le gouffre de la bouche, où tout est englouti, et aussi bien l'image de la mort où tout vient se terminer[8] ».

Au cœur de la clinique de l'émergence du vivant, il y a le visage de la mort, cette autre face, ce point de réel, ce point d'angoisse à partir duquel on doit s'orienter pour entendre ceux qu'on rencontre dans la clinique périnatale et qui s'adressent à nous dans des moments de détresse extrême qui peuvent surprendre aussi ceux qui les prennent en charge sur le plan obstétrical ou néonatal. La souffrance qu'ils présentent dévoile une vérité, habituellement recouverte, heureusement, par le bonheur de la naissance d'un enfant. Mais ceux qui souffrent nous rappellent des dimensions cachées et pourtant incontournables qui sont au cœur de la périnatalité. Ce qui se joue dans une naissance nous dépasse complètement – pas seulement chez ceux qui souffrent, mais chez ceux pour qui tout cela ne pose aucun problème où cela peut faire retour de façon inattendue dans l'investissement de l'enfant, qui peut être marqué d'un vœu de mort inconscient[9] qui peut marquer la relation précoce à l'insu de chacun, tout en portant des conséquences à long terme.

Retour sur Méduse

Ceux qui souffrent vivent de front l'autre face de ce qui se joue autour d'une naissance, entre le sexe et la mort. De quel face-à-face s'agit-il ? Quelle est la source de la terreur en jeu ? Quelle est cette chose terrifiante qui surgit ? Lacan, toujours dans le même commentaire, précise les choses allant au-delà de leurs dimensions impensables de ce surgissement dans la gorge d'Irma, trou inaugural aussi bien que terminal. De la gorge d'Irma surgit : « L'image terrifiante, angoissante, de cette vraie tête de Méduse, [...] révélation de ce quelque chose à proprement parler innommable, le fond de cette gorge à la forme complexe, insituable, qui en fait aussi bien l'objet primitif par excellence[10]. »

On est dans une clinique de la sidération, du traumatisme, de l'impossible à penser – une clinique de tout ce qui laisse médusé. La vie se fabrique là où était le sexe. C'est peut-être ce que court-circuite la fabrication des enfants assistée par la science, tout en montrant paradoxalement ce lien en excès justement par le fait de le contourner. S'y joue un savoir quant à l'énigme de la vie, mettant en collusion l'obscur de la dimension sexuelle avec la mort, entre l'abîme où commence toute vie et le gouffre où tout vient se terminer.

On retrouve le mythe de Méduse qui a occupé aussi Freud. L'horreur déclenchée ne peut pas être seulement interprétée par rapport à l'effroi de la castration que produit la figuration de l'organe génital féminin à laquelle la tête de Méduse se substitue[11]. Est-ce vraiment cela qui fait que même le diable prend la fuite après que la femme lui a montré sa vulve. Les interprétations du mythe de Méduse peuvent être multiples, au-delà de cette hypothèse freudienne[12]. Il y a ce qui est donné à voir à travers l'absence, mais il y a aussi la pétrification face à la tête de Méduse comme révélation de quelque chose d'innommable : comme le dit Lacan, abîme de l'organe féminin d'où sort toute vie qui est aussi le gouffre de la mort où tout vient se terminer. La tête de Méduse figure donc aussi la mort. Un des moyens de la tenir à distance est paradoxalement de la représenter en image[13], de la faire voir, comme ceux qui sont pris par une passion des images autour de la naissance et de la procréation. L'écrivain Pascal Quignard va même jusqu'à écrire dans son *Petit Traité sur Méduse*[14] que les femmes font des enfants pour mettre à distance l'obscure figure de Méduse.

Le surgissement de la vie confronte à quelque chose de terrifiant, d'innommable, qui noue l'origine au trou du sexe comme à celui de la mort. S'orienter à partir du réel mis en jeu à travers ce nouage indissociable de la vie, du sexe et de la mort, qui est au centre du rêve de l'injection faite à Irma, de Méduse et de *L'Origine du monde* aussi bien, donne une tout autre manière d'aborder cette clinique de la procréation et de la naissance, bien au-delà du sens familial, œdipien, des histoires de couples, de parentalité, d'idéaux quant au désir d'enfant, que sécrète le savoir périnatal.

La grossesse à l'origine de son déni[15]

Le déni de grossesse révèle la difficulté d'admettre la possibilité de donner naissance à un enfant. Concevoir un enfant reste un fait mystérieux, qui confronte à l'inconnu, au surgissement d'une vie en soi, quelque chose de totalement nouveau qui peut dépasser toute possibilité de se le représenter. On peut comprendre que cela puisse aller jusqu'au déni ou à toutes autres formes de négation ou de défense contre l'inconnu. Pour certains, porter en soi un enfant, avec la perspective de lui donner ensuite naissance, implique de faire face à un réel impensable[16] – un réel qui peut faire effraction de façon traumatique, et par rapport auquel le sujet est amené à se défendre paradoxalement avant même qu'il ne se manifeste.

Une clinique déstabilisante

Le déni de grossesse peut être une clinique déstabilisante, parfois dramatique, mais pas toujours avec une issue fatale. Elle peut être pleine de surprise. Témoin l'histoire clinique de cette femme qui a soudain très mal au ventre, qui va aux toilettes en pensant à un problème digestif. Elle se sent soudain soulagée. Mais elle ne réalise pas ce qui vient de se produire. C'est sa fille de 8 ans qui l'alerte. Elle a entendu un cri qui venait des toilettes. C'est alors que cette femme comprend qu'il y a là un bébé et elle se précipite pour le prendre et le mettre dans un sac à ordures pour l'apporter à la maternité. Par son mode d'arrivée à l'hôpital, l'enfant est vu dans un statut de déchet par les équipes. Mais, en même temps, c'est bien cette mère et cette fille qui ont sauvé cet enfant, comme l'a même confirmé l'investigation judiciaire de la question du risque d'infanticide.

Ce qui est au centre de ce cas, c'est une reconnexion aiguë, qui se produit au moment de la naissance, sur un fond d'une réalité jusque-là totalement effacée, celle de la grossesse. Une sorte de réveil a eu lieu d'un coup. Avant ce réveil traumatique à la naissance de l'enfant, tout s'est passé comme s'il n'y avait eu aucun lien entre des sensations issues du corps et une possible représentation, comme si ces deux registres n'étaient pas connectés. Il y a une grossesse, mais elle ne se représentait pas enceinte, tant du côté d'une abolition imaginaire et symbolique, que de celui d'une soustraction de sensation.

C'est peut-être ce qui est au centre de la clinique du déni de grossesse : une abolition imaginaire et symbolique plutôt qu'un déni. Il y a en effet des types très différents de négation de la grossesse. Il y a le déni proprement dit, voire la forclusion, mais il y a aussi parfois d'autres formes de négation : quoi qu'il en soit, c'est ce contre quoi toutes ces forces négativantes s'exercent qu'il s'agit de prendre en compte, au-delà de toute clinique différentielle des différents modes de négation.

C'est ainsi qu'il faudrait de pas recouvrir la complexité de ce phénomène clinique derrière le terme général de déni. Généraliser ce terme, ce vers quoi tend une certaine tendance actuelle en périnatalité, fait apparaître du même coup ce phénomène comme étant de plus en plus fréquent. Utilisé de façon descriptive et englobante, ce terme n'est certainement pas le bon. En tout cas il ne dispense pas de faire, plutôt qu'une clinique différentielle des forces de négation, une clinique différentielle des difficultés d'admettre une grossesse.

Il s'agit d'abord de s'ouvrir à la singularité de chaque cas plutôt que de tout recouvrir sous une seule vision. La périnatalité est pleine de mots qui bouchent la pensée avec des idées toutes faites. Avec le terme de déni de grossesse, on risque de paralyser la créativité de ceux qui reçoivent des femmes prises dans cette impasse. Peut-être que le terme de déni n'est pas approprié pour désigner ce moment existentiel où une femme peut se trouver perplexe face au fait d'être enceinte.

Donner la vie ou la recevoir

Peut-on donner la vie ? Est-ce qu'on la donne ou est-ce qu'on la reçoit ? « De moi qui reçois cette naissance[17] » : même si cette citation de Jean-Luc Godard concerne l'Annonciation, elle peut être généralisée comme indiquant une des positions subjectives possibles face à la venue d'un enfant, dès l'annonce de son attente. Quelle relation entre sexualité et procréation, entre procréation et gestation, entre gestation et naissance ? Chacun de ces registres implique des univers imaginaires et symboliques différents. Même s'ils s'enchaînent biologiquement, il est moins évident de les assimiler psychiquement.

Peut-être qu'une des difficultés les plus obscures tient à la dimension paradoxale de la question de la mort présente dans la procréation. Le registre de la mort vient inévitablement avec la vie. Avec la vie se transmet le fait d'être mortel, en même temps que toute procréation vise la part d'immortel dans le vivant mortel[18]. La présence potentielle de la mort dans la procréation est à la fois évidente et inassimilable subjectivement : là aussi on mesure la nécessité de ne pas trop le savoir, de le frapper de négation, pourquoi pas jusqu'au déni de grossesse.

La grossesse est une réalité mais elle dévoile un irreprésentable, que ce soit celui de l'origine ou de la mort. C'est ce dévoilement du réel qui est à la base d'un déni qui se produit en retour. On réalise à quel point une certaine négation du fait d'être enceinte, avec tout ce que cela comporte, est nécessaire pour qu'une grossesse puisse suivre son cours avec un certain degré d'insouciance. Ce paradoxe est central dans la clinique prénatale et doit être respecté comme tel. Bien sûr il y a des formes extrêmes de déni qui compromettent la grossesse et la naissance. Mais il y en a d'autres qui font partie de ce que la future mère met en place pour se donner le temps de réaliser l'impensable enjeu, qui la resitue aussi d'une façon nouvelle dans les générations, revisitant aussi sa position de fille de sa propre mère dans le chemin qui la mène à être mère de son propre enfant.

Attendre un enfant implique une relation à l'inconnu, en même temps que le narcissisme des parents entre en jeu, sous les auspices duquel l'enfant est imaginé, idéalisé, anticipé selon les légendes et les mythes familiaux. C'est un mixte de totalement attendu à la mesure des idéaux en jeu et en même temps de totalement inconnu parce que radicalement nouveau, au-delà de tout ce qu'on peut imaginer préalablement.

L'enfant à venir, c'est le futur inconnu dans la maison. C'est un nouvel habitant, déjà là dans le ventre maternel. Il s'agit de lui donner une place. Comme l'énonce Lacan, tout enfant est aussi comme « un parasite » pour la femme enceinte[19]. C'est ainsi que toute grossesse est aussi d'une certaine manière nécessairement déni de grossesse[20]. Dans tous les cas, il y a quelque chose qui ne peut pas se savoir, qui ne peut se connaître, qui ne peut parfois aussi se reconnaître.

Pourtant, on peut se demander en quoi cela vient à être modifié par la présence si forte aujourd'hui de l'image échographique, qui vient à modifier le statut du fœtus et en faire peut-être un enfant déjà là. Les mères emportent avec elles cette image troublante, parfois en 3D et colorisée : on peut s'interroger sur sa place et sur son effet par rapport à l'investissement de l'enfant à venir. Et se demander comment les futurs parents regardent cette image, ce qu'ils y voient. S'agit-il d'un corps, d'une vie, d'un fœtus ou déjà d'un enfant même s'il n'est pas encore né. Évidemment, s'il y a un déni serré de grossesse, cette image n'intervient pas.

La part de l'impensable

Quoi qu'il en soit, toute grossesse comporte une part d'impensable qui peut prendre différentes formes et se manifester à différents degrés. Il s'agit de laisser la place à cette défense du sujet contre le réel – sans pourtant que celle-ci occupe toute la place. C'est entre la femme et cette mère[21] en train d'advenir qu'un enfant pourra trouver sa place – une place qui de toute façon se dessine progressivement sur un fond d'inconnu.

Le déni de grossesse procède de quelque chose qui n'est pas subjectivable. C'est parce que ce qui reste impensable insiste que le déni s'impose, même si tout cela se joue à l'insu du sujet. Il ne s'agit donc pas que cette notion de « déni » vienne boucher la vérité de ce qui est en jeu. Le déni est sans doute le fait de ceux qui réalisent peut-être trop ce que représente le fait d'être enceinte. Le déni vient à la place de l'irreprésentable et de l'impossible mis en jeu par une grossesse. Le rapport entre la sexualité et la procréation est irreprésentable. De même que le rapport entre la procréation et la naissance. Que veut dire vraiment engendrer un enfant ? Qui peut le savoir ? Il y a là quelque chose qui dépasse le sujet. Tout cela reste stupéfiant. Cette série de questions irrésolues devrait être au centre de la clinique de ceux qui reçoivent des femmes pour déni de grossesse, en veillant à ce que le fait de considérer le déni comme un signe ne vienne pas recouvrir ce qui est en jeu dans ce qui a rendu nécessaire ce déni.

Il s'agirait d'abord de s'orienter à partir du réel plutôt qu'à partir du déni : tel devrait être le repère principal du clinicien qui reçoit des sujets présentant un déni de grossesse. Plutôt que de traiter le déni, peut-être s'agit-il de voiler ce réel en jeu selon un autre mode que le déni pour que ce dernier soit levé. La clinique psychanalytique n'est pas qu'une clinique du dévoilement : elle consiste aussi parfois à remettre un voile sur le réel pour rendre la vie supportable. Inventer des semblants, reconstruire des artifices là où le réel a été mis à nu.

On mesure en tout cas à quel point le déni de grossesse introduit à une clinique du réel plutôt qu'à une clinique du déni : telle serait une orientation à donner pour faire face au déni de grossesse.

La séparation comme origine : enfants abandonnés, enfants adoptés

La réalité est ingrate. L'enfant peut se trouver abandonné, rejeté, perdu, oublié, errant, migrant, expulsé, enfermé, déplacé, battu, physiquement marqué, ignorant de ce qu'il est, ignorant de sa place, ou même ignorant de son absence de place. Exclu de son origine, il se retrouve sans passé. Sera-t-il sans avenir ? Finalement, il est surtout sans présent, sans aide, délaissé, laissé à la détresse, jusqu'à glisser dans la dépression, l'hospitalisme. Témoin les orphelinats dont la réalité crue réapparaît parfois au grand jour.

Des enfants sont rejetés, comme dans les contes de fées[22] qui mettent en scène un vœu de mort, un désir meurtrier envers l'enfant, insupportable à la conscience. On pourrait citer *Le Conte du genévrier*, l'histoire relatée entre autres par les frères

Grimm, où une mère (dans certaines versions, comme celle de Grimm, une belle-mère ; c'est plus rassurant), poussée par le Diable, décide d'offrir à l'enfant qu'elle n'aime pas une pomme. Elle l'amène devant le gros bahut, ouvre le lourd couvercle et lui dit : « Tiens ! Prends toi-même la pomme que tu voudras ! » Le petit garçon se penche pour en ramasser une. Mais, poussée par le Diable, la mère rabat le lourd couvercle avec une telle force que la tête de l'enfant, coupée, roule au milieu des pommes rouges. Terrifiée, elle cherche à raccrocher la tête au corps. Vainement. Finalement, ce qui reste du petit garçon est accommodé en ragoût, en sauce brune, et mangé par son père qui n'en savait rien. On connaît la suite : les os sont rassemblés par sa sœur dans un foulard de soie. À la suite d'une série de transformations en émerge un oiseau qui s'envole en disant : « Ma mère m'a tué, mon père m'a mangé, ma petite sœur m'a ramassé. » L'oiseau rencontre différents personnages dont il reçoit des cadeaux. Il les offre à son père et à sa sœur, en se faisant reconnaître d'eux. Ayant reçu également une meule de pierre, il la laisse finalement choir sur sa mère et la tue.

On pourrait citer bien d'autres contes : *Le Petit Poucet*, *Hansel et Gretel*, *Blanche-Neige* aussi, et pourquoi pas *Le Petit Chaperon rouge*. Scènes de rejets, de meurtres, de repas cannibalesques, toutes formes possibles d'histoires d'enfants perdus, abandonnés, qui errent, comme dans *Le Petit Poucet*, à la recherche d'une lumière, d'une petite lueur, au loin, par-delà la forêt.

Parfois l'enfant est mangé, comme dans *Le Conte du genévrier*. Dans *Blanche-Neige*, la belle-mère se fait servir ce qu'elle croit être le foie et les poumons de sa belle-fille. Les cadeaux sont empoisonnés. Le beau fruit donne la mort. On passe du rejet à l'incorporation, de l'abandon à la dévoration, du manque absolu à la dévoration. Comme si l'enfant pouvait en lui-même condenser à la fois naissance et meurtre, sevrage et dévoration.

Enfants rejetés

Enfant séparé de ses parents, abandonné, vendu, promis au Diable, ou au contraire à Dieu, toute une série de récits à propos de l'enfant tournent autour de ces thèmes. Pour survivre, pour renaître, il lui faut une médiation. Sinon, l'enfant rejeté finit par mourir. Ou, s'il ne meurt pas réellement, il meurt cependant à toute vitalité. L'ombre de ce qui lui manque retombe sur lui. Il s'effondre. Il déprime. Ce qu'exprime d'ailleurs de manière concrète la sémiologie de la dépression chez le jeune enfant.

Comme l'a en effet montré Spitz, des enfants de 6 à 8 mois, séparés brusquement de leur mère, évoluent fatalement, après une première période de protestation de quelques jours, vers le repli, l'indifférence, la monotonie, l'hypotonie, restant comme sidérés, sans plus paraître percevoir ce qui se passe auprès d'eux. Il n'y a plus rien qui tienne, c'est un véritable affaissement de l'être : l'enfant chute, se perd lui-même de ne plus être soutenu. Ce que Spitz, d'un terme adapté, désignait comme la dépression anaclitique. Il n'a plus d'appui, plus de présence qui réponde, qui puisse recevoir sa demande d'amour. Il ne reste que le cri. Puis le silence, jusqu'au marasme psychique et physique que Spitz décrivait sous cette forme irréversible de dépression qu'il a désignée sous le terme d'hospitalisme[23].

Sans passé, sans présent, sans histoire, l'orphelinat ne les laisse pas vivants. Dickens, dans *Oliver Twist*, décrit le destin tragique des enfants placés : « Car, au moment même où un enfant était arrivé à subsister avec la plus petite ration de la nourriture la plus légère, la malignité du sort voulait huit fois et demie sur dix soit qu'il tombât malade de privation ou de froid, soit qu'il chût dans le feu par manque de surveillance ou qu'il fût à demi étouffé par accident ; dans chacun de ces cas, le misérable petit être était généralement appelé dans l'autre monde pour y rejoindre les parents qu'il n'avait jamais connus dans celui-ci[24]. »

De la dépression anaclitique à l'hospitalisme, par manque d'appui, ils finissent par mourir. Ce soutien perdu, ce n'est pas seulement les bras de la mère. Ce n'est pas seulement l'appui de l'Autre, d'un environnement protecteur. Il ne s'agit pas que de mère concrète : faire retour sur ce qu'on appelle la relation mère-enfant semble nécessaire si l'on veut aborder cette question.

Lacan, dans les propos introductifs pour un congrès sur la sexualité féminine en 1960, critique la notion de carence affective telle qu'elle est développée par et à partir de Spitz, concept qui lie, sans médiation, des défauts réels de maternage et des troubles du développement. Comme l'écrit Lacan, une telle vision « se redouble d'une dialectique de fantasmes dont le corps maternel est le champ imaginaire[25] ». Lacan indique qu'il n'est pas correct de concevoir ce qui se joue entre la mère et l'enfant seulement en termes concrets, interactifs : pour Lacan, un troisième élément devrait être introduit, qu'il désigne du terme de médiation, qu'on pourrait considérer comme un opérateur de différenciation, en tant que portant à la fois l'identité et la différence. Finalement, dans la carence, ce n'est pas seulement l'Autre maternel ou parental qui manque. C'est d'abord une fonction de médiation qui échoue. La médiation symbolique, c'est celle qui traduit le cri en appel. La médiation imaginaire, c'est celle qui permet de se voir dans le regard de la mère, dans le regard de l'Autre. Avec l'abandon, les deux médiations peuvent venir à manquer. En cela, on pourrait dire que la carence affective est d'abord une carence symbolique et une carence imaginaire, qui laissent l'enfant aux prises avec un réel impossible à supporter.

Si la médiation maternelle ne peut se réaliser, aucune perte ne peut s'inscrire, constituer sa marque. Dans la dépression par carence, l'entrée dans le temps n'a pas pu se faire. Le cri ne trouve ni temps ni espace pour se propager. Il ne dispose d'aucune métaphore pour le porter. C'est un cri silencieux. Il ne peut pas être entendu, comme si, en une sorte d'implosion, il se situait hors des fréquences audibles.

La question est de savoir si une telle médiation peut être introduite par une autre voie. On peut certainement grandir sans parents. Reste à créer la possibilité d'une rencontre avec l'Autre, comme cela a pu se faire dans la fameuse institution de Lóczy mise en place à Budapest après la guerre par Emmi Pikler[26]. Ou en France à travers les initiatives de Jenny Aubry autour de l'enfance abandonnée, et ce qu'elle a su développer à partir de la psychanalyse autour de ceux qui doivent faire face au vide dès l'origine[27].

Les enfants abandonnés, rejetés, seraient ceux qui ne trouvent aucune place et se perdent. Un appui leur manque. Une place ne leur est pas donnée. L'enfant carencé souffrirait d'un manque d'inscription : défaut d'inscription dans le temps, dans l'espace et dans le corps même. C'est l'autre en effet qui inscrit le trajet de la pulsion. Le cri n'a pas pu être transformé en appel. Sans l'intervention de l'Autre, de l'action spécifique de l'Autre, de l'autre humain, du *Nebenmensch*, comme le désignait Freud, l'enfant reste seul, dans la détresse – *Hilflosigkeit*[28] –, et face à cette absence de réponse de l'Autre, l'enfant s'efface à force de ne pas avoir trouvé la possibilité d'une quelconque place. Lacan a même parlé à ce propos d'une « irrésistible pente au suicide » chez les sujets « plus ou moins caractérisés par le fait d'avoir été des enfants non désirés[29] ».

Mais les enfants abandonnés tentent parfois désespérément de créer l'Autre qui leur est nécessaire. Parfois, même, à travers les rythmies du sommeil, si caractéristiques des enfants placés en orphelinat, qui semblent vouloir se bercer eux-mêmes, se laisser bercer par leur propre balancement. À travers ces mouvements, peut-être cherchent-ils à se tenir dans leurs propres bras ? Comme on le sait, ils finissent par devenir des enfants sans sens, se perdant dans l'anonymat des soins.

Tout est finalement une question de désir – du désir de l'Autre. Tout devient possible si l'enfant peut avoir une place dans le désir non anonyme de ceux qui l'entourent. Ce que dit si fortement Lacan dans ses notes à Jenny Aubry qui débutent par l'affirmation de la nécessité pour l'enfant d'être en relation avec « un désir qui ne soit pas anonyme » et de bénéficier de soins, de sa mère ou de la personne qui en fait office, qui soient porteurs de « la marque d'un intérêt particularisé[30] ».

L'adoption

Un désir non anonyme, un intérêt particularisé : c'est ce que peuvent offrir ceux qui adoptent l'enfant. Ils donnent une place à l'enfant, transforment l'acte de l'abandon en don, une métamorphose vitale pour l'enfant. L'acte d'adoption se substitue à l'acte d'abandon. Il devient un appui à partir duquel l'enfant peut se construire, peut advenir.

L'adoption repose sur un tel pari. C'est pourquoi il est si difficile de fixer des critères d'adoptabilité, tant du côté de parents comme adoptants que du côté de l'enfant comme adopté.

La parentalité ne préexiste pas *a priori*. Elle se met au contraire en place à partir de la rencontre avec l'enfant, d'ailleurs qu'il soit adopté ou non. L'enfant est toujours l'adopté d'un désir. Finalement, on pourrait dire qu'il n'y a de parents qu'adoptifs, quelle que soit l'origine de l'enfant, qu'il soit issu du couple ou adopté. C'est aussi l'enfant qui fait le parent, qui induit la parentalité.

Il est en tout cas très compliqué de prédire les aptitudes parentales : on ne peut pas faire une prédiction qui ne prenne pas compte de la part de ce que peut produire la rencontre avec l'enfant, les liens qui s'en déduisent.

Que l'enfant soit adopté ou non, son devenir dépasse ce qui peut en être prédit. Il s'agit de dépasser une vision simpliste du déterminisme. Par exemple, une vision de l'adoption comme étant la rencontre de deux traumatismes, celui de l'abandon et celui de l'infécondité, conduirait à en avoir une vision pessimiste. Fort heureusement, l'adoption a souvent permis de construire des histoires qui montrent à quel point rien n'est écrit d'avance.

Il faut prendre garde qu'une démarche à but préventive ne devienne prescriptive et normative. On peut passer de la prévention à la prescription, selon un effet Pygmalion, où on participe à créer ce que l'on redoute. Il y a toujours ce risque avec la prédiction. Il s'agit de ne pas faire de l'adoption un piège de causalité. Parfois, c'est l'idée *a priori* qu'on se fait de l'adoption qui la met en danger, plutôt que l'adoption elle-même. L'idée qu'on se fait de l'origine de l'enfant adopté peut faire retour et mettre en danger l'adoption. Parfois beaucoup plus tard, quand l'enfant est devenu un adolescent. L'adolescence est plus un symptôme de la puberté qu'un symptôme de l'origine. Ce qui n'empêche que certains parents adoptifs peuvent se sentir très déstabilisés par le processus adolescent et attribuer ce que le jeune manifeste au dévoilement subit d'une certaine origine, de ce qu'aurait été son père ou sa mère d'origine.

L'enfant exposé

L'enfant abandonné, rejeté, emmené dans un orphelinat, devient un enfant sans passé et sans futur. Soustrait au temps, il est comme déshérité. Quelque chose ne s'inscrit pas. Sans histoire, il bascule dans le vide si personne ne survient pour le reconnaître. Le trou de l'histoire insidieusement s'agrandit, jusqu'à ce que l'enfant y disparaisse complètement. Abandonné, rejeté, il n'est plus traversé par une culture qui le porte. L'enfant est balayé par une sorte d'anticulture qui ne prend appui sur aucune référence symbolique et qui finit par le laisser à la dérive, sans attache.

Bien qu'éliminés, chassés, rejetés, oubliés, destinés à mourir, certains enfants en réchappent : c'est le mythe de l'enfant exposé. L'enfant, ou il meurt, ou il devient un héros. Œdipe est un paradigme d'enfant exposé mais aussi d'enfant adopté.

Au commencement du mythe d'Œdipe, il y a un interdit de procréer, à la suite de la faute de Laïos. Mais l'interdit d'engendrer a été transgressé. Cependant, il y a aussi un oracle qui prédit meurtre et inceste de la part de cet enfant. Pour satisfaire l'oracle, on est prêt à sacrifier l'enfant. Œdipe sera exposé au mont Cithéron. Pourtant, on le sait, l'enfant sera sauvé par la médiation de celui qui avait été chargé par Laïos d'exposer l'enfant, qui le confie à un berger du roi Polybe de Corinthe. Polybe et Mérope n'arrivent pas à avoir un enfant. Ils accueillent Œdipe, l'adoptent et l'élèveront comme leur propre fils. On connaît la suite. Œdipe consulte l'oracle. Il apprend qu'il tuera son père et couchera avec sa mère. Pour échapper à ce destin, il le réalise, à son insu : il part pour Thèbes, à la croisée des chemins, il tue Laïos sans savoir que c'est son père, résout l'énigme de la Sphinge, qui terrorisait la ville, et en récompense reçoit comme femme la reine de Thèbes. Œdipe accomplit l'oracle en voulant le fuir.

La tragédie d'Œdipe, c'est celle du meurtre et de l'inceste mais aussi celle de la méconnaissance. Œdipe fuit Corinthe parce qu'il ignore qu'il a été adopté. Et c'est à Thèbes où il pense échapper à son destin qu'il l'accomplit. La peste envahit Thèbes. Il comprend qu'il faut rechercher le coupable, celui qui a commis la faute. Mais il ignore que c'est lui-même qu'il cherche. Quand Tirésias, l'aveugle voyant, le lui dit, il le rejette, lui disant de se taire. Une fois de plus, une succession de méprises qui font que le destin des Labdacides ne cesse de continuer à s'accomplir : de l'origine d'Œdipe, jusqu'à sa mort à Colone, où il disparaît sans laisser de corps.

Le destin tragique d'Œdipe ne peut faire oublier son statut d'enfant exposé. Quelle que soit sa destinée, il a rejoint la série des enfants des enfants exposés, propres au mythe de la naissance du héros[31]. Œdipe, Moïse, Isaac, Joseph, Ion, Pâris, Persée, Dionysos, Apollon, Adonis, Héraclès, Romulus, Jésus, Siegfried, Tristan, Lohengrin : une série de traits communs, une forme particulière de roman familial les réunit[32]. Le héros est l'enfant de parents éminents. Sa naissance est précédée de difficultés comme la faute, la stérilité, les rapports clandestins. Un présage vient mettre en garde contre sa naissance, annonçant un danger, en particulier pour le père. En conséquence, le nouveau-né est destiné à la mort ou à l'exposition. Habituellement, il est déposé sur l'eau, dans un coffret ou exposé sur un mont. Il est ensuite sauvé par des animaux ou des gens de basse condition, des bergers par exemple, comme dans le mythe d'Œdipe. Devenu grand, il retrouve, à travers maintes aventures, ses nobles parents.

Cette nouvelle naissance, due à l'efficacité symbolique du rite de l'exposition, est mise en évidence par tant de contes, de légendes et de mythes qu'on devrait pouvoir la reconnaître aussi, concrètement réalisée dans de nombreuses histoires cliniques d'enfants rejetés. Sans cette nouvelle naissance au-delà de l'épreuve de l'exposition et la médiation qu'elle permet, l'enfant rejeté est condamné à disparaître. L'enfant exposé, s'il survit, est porté par les dieux. Il devient héros, parvient à la gloire et à la renommée.

Reconnu, il fait retour sur son origine. Et parfois il se venge de ceux qui ont présidé au fait d'avoir été rejeté, exposé. Une vengeance qui peut être à son insu comme dans le cas d'Œdipe qui ne sait pas que c'est son père qu'il tue à la croisée des chemins. Il ne sait pas non plus que Jocaste est sa mère.

Mais Jocaste le savait-elle ? Elle aurait pu le savoir. Œdipe a les pieds percés. Ce trou se révélera plus tard, à nouveau par la médiation des bergers, être une sorte de fiche signalétique. Œdipe veut dire « pieds percés ». Il en porte les cicatrices. Il dispose d'une inscription sur le corps qui signe son identité par rapport à l'oracle. C'est ce qu'aurait dû reconnaître Jocaste. C'est ce qu'elle n'a pas voulu voir. On peut aussi interpréter que Jocaste savait[33]. Œdipe aussi pouvait savoir. Thèbes savait. Tirésias l'a dit. Tout le monde savait, mais personne ne voulait rien entendre. L'inscription pourtant avait eu lieu. Et Œdipe aurait pu penser sa place à partir de celle-ci. La médiation symbolique s'y trouvait.

Un nouveau destin aurait-il été possible : Œdipe aurait-il pu renouer avec son origine sans accomplir le destin programmé ? Tel est l'enjeu pour quiconque – qu'il soit abandonné, rejeté, placé, adopté – retrouve le chemin de son origine : savoir s'il va en faire une origine de mort ou une origine de vie. Peut-on faire autre chose de son origine qu'un destin ? Peut-on réinventer son origine au-delà de ce qu'elle révèle ? Tel est peut-être le pari de la naissance du héros. À lui d'advenir. Bien sûr on ne peut advenir que de ce qui était. Reste à s'en saisir différemment, pour devenir l'acteur d'une vie qui suive un autre trajet que celui déterminé par ce qui s'est joué à l'origine. Peut-être que cela nécessite d'accepter de faire de l'abandon une origine. On peut advenir de l'abandon. L'abandon est aussi une histoire. De même le rejet. Une origine dont il s'agit de ne pas faire un destin. C'est la responsabilité du sujet, c'est la responsabilité de la société face à l'enfant abandonné et rejeté. Faire de l'abandon une origine permet de ne pas en faire un destin.

L'origine comme séparation

Toute origine est peut-être aussi une séparation, voire une forme d'abandon. Borges, dans un texte sur « La création et P. H. Gosse », parle de l'homme sans nombril, qui survit en chacun[34]. Joyce aussi, au premier chapitre d'*Ulysse*, évoque le ventre lisse de la femme sans mère. Pour avoir un nombril en effet, encore faut-il que quelqu'un nous ait précédé, qu'on ait eu une mère, qu'on ait été porté dans une cavité intérieure avant de sortir dans le monde. Le nombril est la cicatrice laissée par cette première séparation. C'est une trace qui indique l'origine, une marque laissée sur le corps du petit d'homme par son entrée dans le temps. Mais, selon Gosse, même Adam, lorsqu'il surgit, présente un nombril, alors qu'aucun cordon ombilical ne l'a jamais relié à une mère. Qu'est donc ce moment de la création ? Le premier instant du temps coïncide-t-il avec l'instant de la création, comme le propose saint Augustin ? Une création qui serait une séparation. Ou au contraire cet instant implique-t-il non seulement un futur infini, mais aussi un passé infini ?

La raison voudrait qu'il n'y ait pas d'effet sans cause. Et Gosse conçoit dans ce sens un temps rigoureusement causal, infini, mais interrompu par un acte passé[35] : la création. Un instant sans un temps précédent serait finalement inconcevable. Dire que l'Autre est déjà là, c'est affirmer que le temps existe déjà : quand l'enfant vient au monde, il est précipité dans le temps, situant sa naissance comme après coup de ce qui le précède.

Œdipe finalement n'a peut-être pas été abandonné ! En tout cas, une fois de plus, il s'agit de ne pas faire de l'origine un destin : au contraire, laisser le devenir ouvert à la contingence, ouvert à l'imprévisible, quelle que soit l'origine de l'enfant.

Advenir de l'insupportable[36] ?

Que se passe-t-il quand l'enfant perdu réapparaît depuis une disparition dans des conditions insupportables. Telle est la question que pose le destin des enfants volés par la junte militaire qui a pris le pouvoir en Argentine entre 1976 et 1983, retrouvés ensuite par l'action des « grands-mères de la place de Mai ».

Que se passe-t-il pour ces enfants retrouvés, le plus souvent bien après ? Comment peuvent-ils advenir de l'insupportable qui les a touchés dès le commencement de leur vie, parfois même avant leur naissance, à leur insu. Un insupportable qui leur a été caché. Quel est pour eux le destin de cet impossible à supporter dont ils n'ont rien su[37] ?

Dès sa mise en place, la dictature argentine a organisé une répression basée sur des disparitions en série : disparition de ceux qui s'opposent, disparition subite d'où s'ensuit la disparition de son histoire, dès sa disparition. Tout disparaît. Plus de nouvelles, plus de traces. Les disparus sont torturés, assassinés, sans que leur mort ne soit ni connue ni reconnue. Une disparition de leur mort aussi bien que d'eux-mêmes. Le dictateur, le général Videla, le dira lui-même en 1979, cyniquement : « Le disparu [...] est une inconnue. [...] Tant qu'il est disparu, il ne peut recevoir aucun traitement spécial, il est une inconnue, il est un disparu, il n'a pas d'entité, il n'est... ni mort ni vivant. Il est disparu[38]. » Disparition du mort, disparition de sa mort. Disparition du corps, disparition du nom, avec des tombes anonymes, pour ceux qui en ont : « NN », soit « No Nombre », nom inconnu, sans nom, un disparu jusque dans la mort. On estime à 30 000 le nombre de disparus.

Mais ces disparus font retour. On ne peut pas effacer l'humain. Il y a d'abord les proches des disparus, ceux à qui ils ont manqué, qui se sont organisés, dans l'extraordinaire mouvement des « grands-mères de la place de Mai », association qui a très tôt, pratiquement dès le putsch militaire, regroupé de nombreux parents de personnes disparues, qui ont cherché leurs enfants et ont finalement trouvé leurs petits-enfants. Certaines de leurs filles ou de leurs belles-filles avaient été enlevées enceintes, d'autres avec leurs enfants encore nourrissons. D'où la question de savoir ce qu'il était advenu de ces enfants ? Avaient-ils disparu avec leur mère, avec leurs parents ? Qu'étaient devenus ceux qui sont nés ? Sont-ils d'ailleurs vraiment nés ? C'est ainsi que s'est formée l'association Grands-Mères de la place de Mai, le 22 octobre 1977, qui a estimé à cinq cents les enfants disparus, enlevés à leurs parents qui étaient des opposants à la junte au pouvoir et qui ont été torturés et tués.

On a donc fait disparaître les opposants en les tuant, et on a fait disparaître leurs enfants, mais d'une autre manière, en se les appropriant, en se les attribuant, en les volant. Certains ont été mis en adoption, dans des familles qui ne savaient rien de leur provenance. Mais d'autres ont été pris par ceux-là mêmes qui avaient directement ou indirectement participé à la disparition de leurs parents, faisant partie de la répression, qu'il s'agisse de militaires de la junte ou de policiers.

Dans cette cruauté sociale, on peut donc dire qu'il y a deux types de disparus : les disparus morts, disparus sans identités ; les disparus vivants, les enfants, soustraits à leurs parents, qui ont aussi disparu de leur identité, soustraits à leur filiation – des enfants disparus de leur origine, remis à ceux qui ont participé à faire disparaître leurs parents.

Tels sont ceux qu'a rencontrés Vania Widmer, qui a réalisé une étude sur la position et le devenir de certains d'entre eux qui apprirent un jour la vérité sur leur origine, grâce aux « grands-mères de la place de Mai ». Ceux auxquels leur identité juridique fut restituée. Dans son travail, qui fait l'objet d'un livre, Vania Widmer a découvert comment l'histoire de leur enlèvement et de leur restitution fait partie de leur vie, comment ils ont intégré ou non ces différents temps qui les ont constitués : le temps du secret, le temps de la révélation de la vérité et le temps de leur choix de retrouver leur famille biologique. En se demandant ce que ces enfants, aujourd'hui adultes, ont fait de cette filiation traumatique.

Est-ce possible d'advenir d'une pareille histoire ? Quoi qu'il en soit, on n'advient pas tout seul. Qu'en est-il lorsque cet enfant réapparaît, devenu entre-temps adulte, avec toute une histoire vécue avec d'autres ? Il retrouve sa famille d'origine, ses grands-parents, mais il ne retrouve pas ses parents. Un lien grand-paternel s'installe. Un lien qui est multiple, et qui implique aussi l'autre social, qui l'attend, qui le retrouve.

Aujourd'hui, ces enfants sont en effet des adultes. Ce sont ces adultes retrouvés, restitués, que Vania Widmer a entendus, pour tenter de saisir ce qu'ils ont fait de cette filiation sur laquelle ils ont été trompés – une filiation insupportable, d'autant plus insupportable du fait des liens qui se sont inévitablement développés avec ceux qui se sont emparés d'eux, qu'ils ont investis comme des parents, jusqu'à ce que la vérité de leur origine bouleverse leur vie, une vie qui avait été déjà bouleversée dès l'origine.

Une vérité à la fois biologique et historique leur a été révélée – que ce soit par leurs propres interrogations, mais aussi par le désir de ceux qui les ont recherchés, et par des tests ADN spécifiques de la grand-paternité mis en place depuis 1987.

Que deviennent ces sujets disparus de leur origine ? Comment peuvent-ils advenir de cette disparition ? Que faire de ce traumatisme dans l'origine ? Qu'ont-ils inventé ? Quelles solutions mettent-ils en place entre ces deux familles, celle qui s'était approprié d'eux mais qui est devenue leur famille et celle qu'ils retrouvent une fois restitués, une famille dont les parents manquent, fatalement disparus. Une disparition qui implique ceux qu'ils pensaient précédemment être leurs parents, jusqu'à ce que la vérité se dévoile, de façon chaque fois singulière, mais qui implique aussi la quête, le désir, l'espoir de ceux à qui ils avaient été soustraits, en particulier les parents de leurs parents disparus. Dont ce cent quatorzième retrouvé, petit-fils d'Estela de Carlotto, présidente des Grands-Mères de la place de Mai, qui recherchait d'où il venait, autant qu'il était recherché depuis sa disparition.

Ce drame argentin imposé par la dictature implique que des enfants ont été trompés sur leur origine, parfois par ceux qui ont participé directement ou indirectement à tuer leurs parents. Une terreur sur l'origine. De quoi plonger dans l'abîme le roman familial de chacun. De qui est-on vraiment issu ? Peut-on vraiment le savoir ? D'où viennent les enfants ? Peut-on connaître son origine ?

Ces enfants retrouvés découvrent tardivement leur origine. Ils ont été trompés toute leur vie jusque-là. Qu'est l'origine pour eux ? Une question qui renvoie au pire, tout en ouvrant paradoxalement à la possibilité d'échapper enfin au mensonge sur l'origine qu'ils ont subi dès la petite enfance. Enfin libérés, ils découvrent qu'ils ont été mis dans la prison d'une origine qui n'était pas la leur ; une origine dont ils ne savaient pas qu'elle n'était pas la leur.

Peut-être est-ce le fait que l'origine est de structure inatteignable, impensable, qui offre une chance d'advenir aux enfants issus de l'insupportable, d'un insupportable tel que celui produit par la dictature argentine.

Bien sûr il y a l'amour de ceux qui les attendaient depuis si longtemps, la force de la vérité, de la justice enfin rétablie, d'un récit qui finit par pouvoir se construire. Mais il y a aussi l'irréductible de l'origine, qui fait que celle-ci reste toujours à venir : l'origine est aussi devant, pas seulement en arrière. L'origine est toujours à rejouer, à refaire, à réinventer. Peut-être est-ce là que se joue leur issue.

Tel est l'espoir à partir duquel cette situation peut trouver une issue : miser sur l'impossible à supporter, pour ouvrir les champs des possibles. Ne pas rester dans les seuls paramètres de son origine biaisée. Ne pas faire de son origine un destin : tel est l'enjeu pour chacun, afin de ne pas tomber dans le piège d'une causalité fatale qui s'est d'emblée refermé sur eux, et dont ils ont pu tout de même advenir.

CHAPITRE 4

De l'origine au devenir

S'ouvrir au devenir

L'origine dit d'où l'on vient. Mais « venir de » ne dit pas tout de ce qu'on va devenir. « Venir de » ou « devenir » sont deux registres qu'il ne s'agirait pas d'enchaîner l'un à l'autre. Un passé déjà joué n'empêche pas de concevoir un avenir ouvert aux possibles.

Un enfant qui vient de naître confronte ceux qui l'ont conçu ou qui l'accueillent à une dimension inabordable, à quelque chose d'impensable, d'irreprésentable, qui peut aller jusqu'à provoquer pour certains un effet traumatique. Mais voilà que, très tôt, l'enfant sourit. Une rencontre se noue. Une histoire commence. Un devenir se dessine.

Mais à qui l'enfant sourit-il ? On dit qu'il commence à sourire aux anges. Cela signifie-t-il que l'enfant ne sourit pas seulement à celui qui est en face de lui ? Dès lors, qu'est-ce qui le fait sourire ? Sourit-il à son destin ou sourit-il au contraire à la perspective d'y échapper ? Sourire aux anges : de ce supposé instant de détachement, nous voudrions faire le paradigme d'une possible liberté, tout au moins le signe d'une énigme quant au devenir de l'enfant.

L'énigme du sourire[1]

Freud parle du sourire comme d'une énigme. C'est en tout cas de cette manière qu'il aborde le sourire de la Joconde. Il décrit l'énigme que le sourire de Mona Lisa ne cesse de poser à ceux qui le contemplent – ce sourire immobile sur des lèvres étirées, aux commissures relevées, « un sourire étrange, ensorceleur et énigmatique[2] ». Personne n'a déchiffré ce sourire.

Léonard de Vinci, dans son *Traité de la peinture*, rappelle le but du portrait : « Tous les sens, en même temps que l'œil, voudraient la posséder, et semblent vouloir rivaliser avec l'œil. Il semble que la bouche voudrait l'incorporer par la manducation[3]. » Cette précision sur le plaisir de la bouche sous la plume de Léonard de Vinci peut être associée au fantasme qu'il énonce dans son souvenir d'enfance, à partir duquel Freud établit sa construction.

Voici ce qu'écrit Léonard de Vinci : « Étant encore au berceau, un vautour est descendu jusqu'à moi et m'a ouvert la bouche de sa queue et, à plusieurs reprises, a heurté mes lèvres avec cette queue[4]. »

Faut-il donc mettre en série le fantasme du vautour et le sourire de Mona Lisa ? Au-delà de la beauté du visage de la Florentine, ce qui semble d'abord compter pour Freud, c'est que le sourire déconcerte d'autant plus qu'il s'agit en fait d'un artifice trouvé par Léonard afin d'exprimer son fantasme – un fantasme de fellation finalement. L'énigme du sourire serait dans ce sens produite par une transposition sur la bouche de la fonction dévolue à l'organe génital féminin.

L'énigme du sourire de la Joconde devient une question sur le regard. Chez Léonard, il semble y avoir un collage du lieu de la pulsion entre la bouche et le sexe féminin, articulé par le regard. Un regard qui pour chacun reste interrogé, interpellé, tendu en direction du mystérieux sourire. C'est donc le regard lui-même qui livre la signification que la bouche de la Joconde ne peut en aucune manière dévoiler.

La Joconde semble en tout cas ne pas sourire aux anges. D'ailleurs, le sourire aux anges existe-t-il ? J'aimerais à ce propos reprendre ici cette expression, au pied de la lettre, en cherchant à atteindre les dimensions qu'elle porte. Une expression toute faite peut, comme un mythe, livrer une part de vérité, véhiculer un impensable, toucher au réel. On peut donc la prendre au sérieux, du moins chercher à la mettre en série dans la suite d'interrogations associatives qu'elle suscite.

Sourire à la mère

Sourire aux anges désigne le sourire prétendument non motivé du tout petit enfant, avant le sourire social identifié par Spitz vers six à huit semaines. Dans ses travaux, Spitz montre l'importance, dans le développement de l'enfant, de son regard sur le bas du visage de celui qui s'occupe de lui. Il semble trouver ses repères dans l'expression de celui qui lui fait face. Sa mimique l'informe. Et c'est souvent effectivement un sourire qui lui ouvre la voie[5].

Lorsque Spitz étudie la dépression qui se produit chez les enfants placés dans des orphelinats – contrairement à ce qui se passe pour ceux nés en prison dans des conditions lamentables, mais avec leur mère –, il insiste, on l'a déjà mentionné, sur l'importance, pour le développement de l'enfant, de l'échange continu entre la mère et l'enfant. Les infirmières de l'orphelinat, dans un but de prévention infectieuse, portaient un masque sur leur nez et leur bouche. Le fait que cette partie du visage leur restât cachée pour des raisons de stérilité semblait avoir contribué à l'évolution dépressive de ces enfants[6].

En suivant ces données, on serait donc amené à conclure que ce serait bien à la mère que l'enfant sourit. Les avancées actuelles de l'observation du nourrisson rendent en effet caduques les affirmations antérieures sur l'état d'inorganisation et de passivité du nouveau-né. Le bébé serait effectivement d'emblée actif avec son environnement. Ses capacités sensorielles en témoigneraient, déjà présentes à l'âge fœtal[7]. La perception visuelle est déjà très développée à la naissance, contrairement aux croyances longtemps acceptées. Un bébé est capable dès le quatrième jour de vie de suivre des yeux un objet de couleur. Son regard est attentif au visage, en particulier aussi sur sa partie inférieure, là où se dessine le sourire. Disposant très tôt d'une capacité de reconnaissance, il a d'ailleurs plus d'intérêt pour un visage connu que pour un visage étranger, pour le dessin d'un visage que pour un dessin abstrait. Bref, les recherches montrent donc à quel point la mimique de la mère, exprimée par cette partie autour de la bouche, donne des repères à l'enfant.

L'enfant sollicite la mère. Celle-ci répond. Elle s'ajuste. Et l'enfant répond à son tour. La mère s'accorde aux mouvements et à la mimique de son bébé en la reprenant, tout en y intégrant une modalité expressive différente, chargée d'histoire, d'expérience, de représentations conscientes et inconscientes, cadrées de fantasmes qui leur donnent une certaine coloration affective et un sens particulier[8].

Bref, retenons de ces données que le petit d'homme n'est pas dans un état primaire de satisfaction et d'indifférenciation. L'intervention de l'Autre lui est nécessaire, tant pour sa survie que pour l'anticipation d'une assomption subjective. Reste à savoir de quel Autre il s'agit.

L'enfant est inachevé de naissance. Le réel de sa prématuration biologique donne sa place à l'Autre. Mais, l'Autre dont il s'agit n'est pas que la mère. La notion d'Autre dépasse aussi celle du milieu. Elle ne peut être rabattue simplement sur l'environnement. Il y a précession de l'Autre symbolique sur le sujet.

Dans cette perspective, le symbolique serait donc premier. Comme on l'a déjà avancé, avant le temps de l'interaction directe de l'enfant et de son environnement, l'Autre a déjà commencé à agir. Serait-ce donc à cet Autre que l'enfant sourit quand il sourit aux anges ?

Finalement, on pourrait dire que la mère concrète se découpe sur un fond de mère symbolique, la seule en fait connue, à qui l'enfant sourit avant de sourire à sa mère. N'est-ce pas cela que révèle précisément l'expression « sourire aux anges » ?

Cette expression pourrait donc indiquer que le sourire n'est pas seulement instinctif, réflexe. Elle révélerait l'enfant comme étant d'emblée inséré dans une dialectique qui lui vient du symbolique. L'enfant sourirait aux anges d'emblée, avant même de sourire à sa mère. Sourire aux anges, ce serait sourire à l'Autre du symbolique, qui détermine chacun et par rapport auquel chacun se détermine.

Sourire au miroir

Ne serait-ce pas aussi à lui-même que l'enfant sourit ? C'est du moins ce que semble révéler la clinique. Dans sa jubilation face au miroir, l'enfant sourirait à lui-même, ou plus exactement à lui-même en tant qu'Autre, dans cette aliénation primordiale que repère Lacan autour de la question du miroir comme formateur de la fonction du « Je[9] ».

L'enfant reconnaîtrait très tôt son image dans le miroir, dès l'âge de six mois selon Baldwin, reconnaissance signalée par une mimique illuminative qui a beaucoup préoccupé Lacan. N'est-ce pas là aussi un fait qui peut intéresser tout particulièrement notre questionnement ?

Cet acte de reconnaissance dans le miroir rebondit chez l'enfant en une série de gestes où il éprouve d'une façon ludique les mouvements assumés de son image par rapport à l'environnement reflété. La réalité, son propre corps, les personnes, voire les objets qui l'entourent, se redoublent d'un complexe virtuel à partir duquel il se repère et se constitue comme sujet. Une forme totale du corps est donnée, dans une extériorité où cette forme est plus constituante que constituée.

Il faut en effet comprendre le stade du miroir comme une identification, à prendre au sens plein que l'analyse donne à ce terme : à savoir la transformation produite chez le sujet quand il assume son image : « L'assomption jubilatoire de son image spéculaire par l'être encore plongé dans l'impuissance motrice et la dépendance du nourrissage qu'est le petit homme à ce stade infans, nous paraîtra dès lors manifester en une situation exemplaire la matrice symbolique où le “Je” se précipite en une forme primordiale[10]. »

Ce spectacle saisissant de l'affairement jubilatoire du jeune enfant, suspendant son attitude en une position plus ou moins penchée devant le miroir, peut nous mettre sur la voie du sourire. L'image spéculaire apparaît comme le seuil du monde visible. Sourire au miroir ? Peut-être. Sourire à soi-même ? Non, plutôt sourire à soi-même en tant qu'Autre et sourire à l'Autre en tant que soi-même. Voilà peut-être ce qui se joue lorsque l'enfant sourit à la mère ou lorsque au sourire de la mère l'enfant répond, dans le jeu du miroir.

L'enfant se regarde dans le regard de sa mère. L'enfant se trouverait dans le regard de sa mère. Et, s'il ne peut s'y trouver, il s'y cherche, à l'infini. Comme le peintre Bacon qui, selon Winnicott, tente de peindre un visage pour reconstituer ce qu'il n'a peut-être pas pu voir de lui-même dans le regard de sa mère[11]. Bacon dira lui-même peindre l'impossibilité de peindre un visage. Son trait est fait de l'accident qui arrête le geste du peintre, en un point de ratage, d'horreur peut-être par rapport à la fonction aliénante du « Je ».

On pourrait mettre cela aussi en rapport avec ce que Giacometti disait de la tête, de son projet d'arriver à peindre ou à sculpter une tête, ce qu'il disait échouer chaque fois. Conscient d'ailleurs que, si un jour il y arrivait, paradoxalement, on dirait que ce ne serait justement pas un Giacometti.

Mais c'est aussi finalement l'expérience de chacun. On ne connaîtra jamais son vrai visage. On ne peut qu'en apercevoir le reflet dans ce que nous livre le miroir. Qui suis-je ? Suis-je vraiment moi ? Ne retrouve-t-on pas les questions d'une comptine d'enfants extraite du scénario de Handke et Wenders pour *Les Ailes du désir*, qui est aussi une histoire d'ange : « Lorsque l'enfant, enfant était, c'était le temps des questions. Pourquoi suis-je moi et pas toi ? Pourquoi suis-je ici et pas là-bas ? Quand commença le temps et où finit l'espace ? Qu'est-ce que la vie sous le soleil ? N'est-ce qu'un rêve ? Comment se peut-il que moi qui suis moi, avant de devenir moi, je n'existais pas ? Et est-ce qu'une fois moi, qui suis moi, je ne serai plus celui que je suis[12] ? »

Sourire, entre vie et mort

Revenons à l'enfant. Imaginons-le, comme le fait Georges Didi-Huberman[13] dans son lit, laissé seul. La porte de sa chambre est fermée. Il regarde autour de lui : un petit animal de peluche, un hochet suspendu au-dessus de son berceau, un drap, le bout de son lit, le mouvement de la lumière derrière le volet mi-clos. Ses parents habitent dans un quartier tranquille. Que fait-il ? Il attend de s'endormir, il regarde, « dans l'hébétude d'attendre[14] », dans cette semi-obscurité. Le temps passe, « jusqu'au moment où ce qu'il voit tout à coup s'ouvrira ». L'enfant est atteint par quelque chose qui soudain le regarde. En ce sens, le monde est bel et bien « omnivoyeur[15] ». Le monde le regarde, le monde lui sourit, peut-être, comme on le dit parfois. En tout cas quelque chose le regarde, « quelque chose dont, finalement, il va faire une image[16] ».

N'est-ce pas justement cela que Freud décrit aussi dans le jeu de la bobine[17] ? Son petit-fils est laissé seul dans le lit, alors que sa mère s'en est allée, comme elle le fait souvent. Son grand-père, Freud, l'observe. L'enfant jette la bobine par-dessus le lit, avec le fameux « Oh », comme « Fort », marquant l'éloignement, celui qui le laisse seul. Mais voilà qu'il tire sur la ficelle, et c'est le « Ah » de satisfaction, le « Da » du Fort-Da. Son visage s'éclaire, il sourit peut-être, par le fait du gain de plaisir qui résulte de la répétition de cette expérience. Il voit la bobine. Il la prend dans ses mains. Mais, la touchant, il ne peut plus la voir. Et il la relance au loin. Elle disparaît derrière l'extrémité du berceau. Et, d'un coup de fil, il la fait réapparaître. Présence-absence : par le jeu du retour, il présentifie l'absence.

Entre disparition et réapparition, la bobine arrive à créer une présence à partir de l'absence. Soudain, comme regardé par le retour de la bobine, l'enfant jubile. L'objet avait disparu, comme mort. Le voici de retour, bien vivant. C'est ce qu'on retrouve dans un grand nombre de jeux enfantins. De même le jeu de cache-cache. L'enfant jubile au moment où on le découvre. Il se rend présent par le regard qui le surprend. Présence, absence, le jeu de cache-cache semble réaliser la même amorce symbolique que le jeu de la bobine.

Le jeu s'encadre de la mort pour inclure en lui la naissance du symbole. C'est le paradoxe freudien que décrit si bien Lacan : « Ce sont ces jeux d'occultation que Freud, en une intuition géniale, a produits à notre regard pour que nous y reconnaissions que le moment où le désir s'humanise est aussi celui où l'enfant naît au langage. [...] Ainsi, le symbole se manifeste d'abord comme meurtre de la chose et cette mort constitue dans le sujet l'éternisation de son désir[18]. »

Comme l'indique justement Georges Didi-Huberman, citant Baudelaire dans « La morale du joujou[19] », l'enfant face au jouet cherche l'âme de la chose. Fasciné, il sourit d'abord, puis, entre satisfaction et colère, il tourne et retourne le jouet, le gratte, le secoue, le cogne contre les murs, le jette par terre. Il *y* cherche la source de vie. Mais, s'il le jette trop fort, la vie merveilleuse s'arrête. Alors il le démonte, il l'ouvre, finalement comme un médecin. Où est l'âme ? Et là commencent l'hébétement et la tristesse. Tout se joue autour de ce « moment central d'immobilité », comme l'écrit justement Georges Didi-Huberman, « où nous sommes regardés par la perte[20] », c'est-à-dire menacés de tout perdre et de nous perdre nous-mêmes.

La naissance est une première séparation. Une perte première. Dans le jeu, alternant entre rires et larmes, l'enfant fait face à la perte. Le voilà regardé par la perte. Ce jeu introduit une tension qui permet de faire face à l'impensable.

Pour Freud, le processus vital, selon des raisons internes, va vers l'égalisation des tensions, c'est-à-dire vers la mort. La vie ne serait ainsi qu'un détour sur le chemin de la mort[21]. Freud repère la tendance à la réduction, à la constance, à la suppression de la tension d'excitation interne, comme étant une des tendances dominantes de la vie psychique. C'est ce qu'il définit comme le principe de Nirvana, reprenant une expression de Barbara Low. Comme Freud l'écrit : « Nous trouvons là l'un de nos plus puissants motifs de croire en l'existence de pulsions de mort[22]. »

À qui sourit donc l'enfant ? Est-ce au monde qui l'entoure ? À la mère ? Est-ce à l'ordre symbolique qui le précède ? Ou bien, au-delà du principe de plaisir, est-ce de la mort qu'il s'agit ? Celle qui accompagne toute naissance. Une naissance peut vider l'existence, révélant subitement l'infini. Au contraire, on sait qu'un enterrement – ou une conduite de risque – peut redonner sens à la vie.

L'expression semble donc pertinente. Sourire aux anges, c'est sourire à l'au-delà. Au-delà du temps présent, avec l'enfant surgit un réel qui résiste à toute symbolisation. L'enfant lui-même, dès sa naissance, rencontre l'énigme de son être. Il fait face au réel. Pourtant, une réponse lui permet de faire appel. Une rencontre se joue. Il sourit. Comme l'écrit

Segalen : « Je naquis, le reste en découle[23]. » Avec la naissance se produit la différence. C'est déjà le cas de la conception. Si l'on continue en effet à suivre Freud, celui-ci indique que l'union augmente les tensions, introduisant de nouvelles différences vitales qui seront pourtant réduites par la vie. La naissance d'un enfant, c'est l'apparition de la différence. Avec la naissance se jouent une rupture de la circularité, une dissymétrie, une hétérogénéité, l'évidence d'un réel. Sourire aux anges, ce serait finalement sourire au réel.

On voit en tout cas qu'il y a dans cette expression bien des ambiguïtés. Une tension apparaît. Le sourire n'est plus seulement un sourire aux anges. L'enfant, malgré lui, prend l'initiative. Son sourire devient motivé. Une rencontre s'est jouée. Il entre dans le temps, dans l'histoire. Il entre dans le monde du symbolique qui le précède. C'est à lui de vivre son devenir. Peut-être finalement est-ce à la vie qu'il sourit, au réel incontournable, au noyau de toute vie humaine.

Du réel à la liberté : sourire à l'énigme

La venue au monde d'un enfant introduit une rupture dans l'ordre des choses. Rien de plus apparemment banal qu'un enfant. En même temps, rien n'est plus étrange et plus surprenant.

Par cet effet de discontinuité, finalement, l'enfant porte avec lui la question de l'inconscient. Il le dévoile aussi chez l'adulte. D'une certaine manière, l'enfant est en lui-même une figure de l'inconscient. Mais on ne le reconnaît pas comme tel. On le considère comme un être réflexe, inachevé. Grasping, fouissements, sourires, sont effectivement aussi des réflexes.

Freud, dans *Le Mot d'esprit et sa relation à l'inconscient*, dans le chapitre sur les mobiles du mot d'esprit, tente de comprendre les actions musculaires caractéristiques du rire : « À ma connaissance, la grimace, typique du sourire, que constitue la déformation des commissures des lèvres, apparaît pour la première fois chez le nourrisson satisfait et plus que rassasié lorsque, ayant été endormi, il laisse échapper le sein. Il s'agit là d'un véritable mouvement d'expression puisqu'elle correspond à la décision de ne plus intégrer de nourriture, qu'elle figure en quelque sorte un "assez" ou plutôt un "plus qu'assez". Il se peut que ce sens originel de sursaturation (*Übersättigung*) empreint de plaisir ait permis au sourire, qui, aussi bien, demeure le phénomène fondamental du rire, d'entrer ultérieurement en relation avec les processus de décharge, processus qui sont empreints de plaisir[24]. »

Le sourire, dans cette version, serait ainsi un sourire de satiété. Ce qui tend aussi à situer la question du sourire à la limite entre la théorie du réflexe et celle de l'inconscient. Le sourire, comme l'inconscient, évoluerait donc entre une conception réflexe – sourire immotivé, produit d'un court-circuit du psychique – et celle d'un surgissement psychique depuis cette autre scène qu'est l'inconscient. Le sourire, comme l'inconscient, introduit à une conception du sujet comme ne s'appartenant pas totalement à lui-même[25].

Un enfant est né. Avec lui survient un effet de surprise. Inquiétude et détente se partagent le terrain. Rires et pleurs s'enchevêtrent. Dès les premiers échanges – regard, mimique, imitation, habitude et imprévu –, le rire peut se déclencher, ou les larmes. Chez le tout-petit, les larmes sont très près du rire. L'événement nouveau dérange le modèle attendu. Inquiétude, inconfort, étonnement peuvent se résoudre en rire. Se réalise dans le rire une communication avec l'inconscient, comme dans le witz.

Il serait intéressant de rechercher les débuts du witz dans la petite enfance. Il y a toujours quelque chose d'effronté dans le witz. Le witz est à la limite, aux frontières de la vigilance, aux frontières du réel. On pourrait le rechercher dans les regards, les imitations, les jeux et les plaisirs, les sourires de la petite enfance.

L'enfant peut sortir d'une situation difficile par une pirouette. Le witz réalise le même effet. L'essentiel est de s'extraire d'un coup d'une situation antérieure. Le witz, traversée du miroir, vise la liberté. Par le witz, effet de l'inconscient, le sujet se retrouve d'un coup dans un autre monde. Tout a changé. Une décision d'être s'est jouée.

Le witz est une production directement échappée de l'inconscient. Ses surgissements sont des plus imprévus. C'est bien peut-être aussi d'un parallèle entre le nourrisson et l'inconscient que témoigne le sourire aux anges. On ne sourirait que du fait de l'inconscient.

D'où viennent les enfants ? Cette question débouche, entre l'effroi que peut impliquer l'impensable de l'origine et les pièges liés à la fascination du destin, sur une clinique du réel[26] – un réel qui offre paradoxalement au sujet l'occasion d'une possible liberté.

Qu'une part de lui-même reste à jamais inaccessible au sujet donne à celui-ci, s'il tient le pari de l'inconscient, la possibilité d'inventer dans la surprise ses propres réponses au-delà de ce qui l'a précédé et de ce qui participe à le déterminer.

L'expérience du réel démontre l'évidence d'une béance entre ce qui était et ce qui sera, ouvrant pour l'enfant l'espace d'une possible liberté, lui permettant d'échapper à la répétition et d'aller au-delà de ce qui s'est déjà joué à sa naissance.

Insistons donc une dernière fois : par le fait de ramener à un réel inabordable plutôt qu'à un originaire déterminant, l'enfant peut se dégager de ce qui était et devenir lui-même l'interprète de son propre désir d'exister. Du même coup, le psychanalyste cesse d'être un agent du déterminisme ; renonçant à vouloir à tout prix prédire – ou même prévenir – l'avenir à partir du passé ou sur la base du présent, il peut dès lors se consacrer à créer, par la voie du transfert et de l'acte analytique, un espace suffisant pour permettre à l'enfant de se constituer comme sujet à partir d'un donné auquel il pourra aussi échapper. Artisan dans le champ des possibles, praticien de l'imprévisible, tel qu'on l'a déjà défini, le psychanalyste peut ainsi miser sur la béance du réel, au-delà de l'effroi qui sidère ou de la fascination qui paralyse, afin de permettre à l'enfant d'accéder – de la façon qu'il voudra choisir – à la liberté de décider de son propre devenir.

Vers une issue

Poser la question de savoir d'où viennent les enfants comme si la réponse était impossible semble conduire à une sorte de paradoxe. Le sujet ne peut effectivement advenir que de ce qui était, mais, pour qu'il advienne, tout en s'appuyant sur ce qui précède, encore faut-il qu'il puisse faire coupure par rapport à ce qui était, prenant le risque de la séparation, de la perte. L'enjeu devient ainsi de savoir s'il pourra, au bon moment, opter pour une voie qui le sorte de ce qui le détermine.

L'enfant pourra-t-il faire un pas au-delà de ce qui le précède ? Trouvera-t-il la voie de ses propres choix, malgré ce qui était là avant lui ? Restera-t-il fidèle à son désir ? Tel est l'enjeu pour chaque enfant qui n'aboutit pas toujours. Tel est aussi le pari de la psychanalyse.

Une immuable absence[27]

Immobile sous le drap qui l'enveloppe, l'enfant dans son berceau regarde jouer le ciel entre les branches des arbres. Les cerises ne sont plus cueillies depuis que l'homme repose dans le jardin, sans autre sépulture que cette fontaine remplie de terre sous laquelle courent les racines des cerisiers alignés. Assis sur la margelle de pierre, les parents fixent le teint pâle de ce nouvel enfant, dans la crainte que leur union n'apporte une fois de plus perte et maladie : ils pressentent le pire. Le nom qui étreint sa naissance peut l'anéantir, marque fatale qui le contraint à suivre son destin plutôt que sa volonté. L'enfant doit en réchapper. Ce nom, le nom funeste plus jamais ne sera prononcé. Il faut l'effacer. Il faut que l'enfant vive et renverse la légende qui imprègne les parages de sa naissance. Les travaux commencent, la terre retournée, la fontaine enfouie, les cerisiers arrachés, la place est faite pour l'accueillir. Sans autre histoire que la sienne, l'enfant pâle vivra dans le jardin affranchi des traces de la mort. Le champ ne garde ni nom ni tombe. La terre libre de ses restes efface le nom sortilège : l'enfant qu'on croyait malade vivra.

Dans le jardin au relief effacé sans l'ombre des arbres, l'enfant s'obstine et échoue à retrouver ce qui le joue. Il ne rencontre dans ses jeux d'autre histoire que la sienne chaque jour constituée. L'histoire suspendue de ses origines l'empêche de croire à celle qu'il produit. Tout est advenu avec lui : devenu monde, il ne sait plus de quoi se nourrir. Il est condamné à ses propres souvenirs. De peur d'oublier, il se cache tout, pour se donner le sentiment de vivre. Il ne sait rien de son origine, pas de nom, pas de corps : pas de mort. Qu'il parle, qu'il se souvienne, il se trouvera perdu, comme l'homme disséminé avec la fontaine. Le jardin bouleversé, la fontaine et les cerisiers disparus, l'enfant joue avec la terre dans laquelle le mort est caché. Pas d'histoire, pas de nom, comme le mort répandu dans la terre, l'enfant n'attend rien de l'avenir. Il n'est pas appelé à vivre. Menacé de toutes parts, il reste dans un temps figé, immémorial : il ne veut pas occuper de place. Tout dire pour ne pas être en reste, tout faire pour ne rien perdre, ne rien laisser échapper, l'enfant attend dans le refus redoublé de toute possibilité ultime. Les choses sont indécidables, sans fin, sans rebut, sans deuil : il ne croit pas à l'éventualité de la mort.

Pour comprendre, l'enfant se concentre. Il retient son souffle, son regard se trouble, les couleurs se confondent, les sons deviennent intérieurs, il n'a pas mal : plus rien n'est sûr, il ne peut plus choisir. Terrifié, immobile, il grandit. Dans l'effroi de toute place, l'indécision règle son temps. L'autre à son tour ne doit pas se souvenir : toute mémoire dessine le deuil. Pris dans cette servitude inextricable, toute place lui dévoile l'amputation, la falsification, l'absence. Son deuil porte sur l'inconnaissable : l'enfant s'écrase dans le silence de son histoire. Il hésite. Son assise se dilue. Tous sont créés à son image, ils l'écoutent, ils le regardent, ils lui parlent : les autres mordent sur ce qu'il sait. Il s'étrangle dans la reconstitution de son histoire absente, son corps immobile se durcit, inerte, stupéfié, il est transporté dans cette maison où on veut le guérir.

Tout se répète en ce lieu, au centre de cette machine qui l'enserre sans parvenir à lui redonner vie. Immuable, il ne veut pas mourir. Les morts ont une histoire. Il se sent, comme l'homme mort de la fontaine, dispersé dans le jardin. À travers son propre aveuglement, il essaie encore de regarder jusqu'à l'extinction de son regard. Il n'obtient pas de réponse, pas de nom, pas de place : tout se crée ici encore avec lui dans une éternité sans histoire. Dissous dans cette machine établie pour durer à travers lui, il se reconnaît enfin une place. Il reprend vie à se retrouver dans la position du mort qu'il cherchait à rassembler dans le jardin sans le savoir. Mort vivant, par cette inflexion il est sauvé en ce point : il survit d'être à la place du mort.

La vie inexorable est comme la mort. Son corps se raréfie. Vivre dans la mort, mourir dans la vie, ce va-et-vient l'épuise. Le corps malade ne le porte plus. Détaché de tout et de son détachement, il se laisse aller sans doute à la vie. Il entrevoit bien quelque chose, il l'a toujours su. Il ne se blesse qu'à l'inconnaissable : son suicide le précède, il ne se tuera pas. La sueur aux joues, le visage sans ombre, son regard s'égalise, l'horizon s'effrite, une langueur le gagne, les traits du corps glissent et s'étalent, le souffle s'apaise, sans mouvement il s'affaisse au milieu des autres.

Bientôt c'est le fracas des engins d'urgence. Dans une odeur de glaires, de sang, de savon, d'haleine nocturne, cet atelier récupère le corps qu'il n'a jamais eu. Les perfusions, les aspirations, les sondes ne suffisent pas à séparer la vie de la mort. La respiration pilée par les machines, il reste là en suspens toujours relié à la même question. La vie qu'on lui insuffle blesse son corps. Son désir de mourir est trop éperdu pour se satisfaire de la mort : il n'y a pas d'agonie où il puisse saisir la vie différente de la mort. Dans le théâtre de la réanimation, il ne retrouve que ce qu'il a déjà connu. Il ne peut se souvenir de ce que mourir veut dire. Vide de vie, vide de mort, il s'engloutit dans une indifférence glacée, emporté par une violence qui n'a ni âge, ni futur, ni vérité. Immobile, inerte, plus rien ne manifeste vie aux yeux de l'Autre. La bouche blême lentement s'entrouvre. Rien n'a changé. Il meurt sans s'en apercevoir, inapte à mourir : il retourne immuable dans la terre sans nom d'où il a été pris.

L'issue analytique

En psychanalyse est mis en scène le mouvement du sujet vers l'impossible qui le fonde. Avec la naissance et la rupture qui s'y produit surgit le choc du réel, à la mesure de quoi tout se repère. L'enfant, dans la psychanalyse, ramène à pareille impasse.

La naissance, acte définitif et irréversible, sépare d'un réel pour toujours inatteignable. De cet échec imparable ne reste que la parole, pure échappatoire pour que l'être advienne à la vie.

C'est à partir d'un tel scénario incertain que s'instaure la psychanalyse. De l'analyste au patient court en filigrane le désir inconscient, qui imprime de sa marque tout stratagème propre à l'humain. De ce déterminisme, une parole peut lever l'impasse et, au milieu des passions les plus fortes, rétablir l'ambiguïté perdue. Sorte d'épingle plantée au milieu du jeu humain, l'intervention analytique peut déjouer les projets répétitifs d'un destin imposé. Troublante irruption qui bouleverse l'ordre coûteux de la névrose, le cercle fermé de la psychose ou les détours de la perversion, l'impact réussi d'un énoncé implique l'inconscient : l'analyste ne peut parler qu'à partir de cette autre scène.

Au déterminisme inconscient, aucun n'échappe : d'une telle fatalité la parole en analyse ne peut faire l'économie, mais sa fiction en porte l'effigie.

Dévoilant les dimensions latentes habituellement enfouies sous la banalité des conflits quotidiens, la parole permet à chacun de mesurer, d'une façon ludique et imprévue, les limites blessantes de sa propre méconnaissance.

L'effet de la parole produit une rupture dans l'ordre reconnu des choses, irruption surprenante de l'inadmissible au sein d'une cohorte de certitudes. La parole peut faire irruption et son effet, briser un monde jusque-là à l'apparence banale, dont les lois paraissaient rigoureuses et immuables. Soudain se déploie l'inadmissible. L'interprétation fait coupure, faisant entrer l'insolite sur une scène domestique. Douleur et symptôme sont mis à nu dans le mouvement de leur transformation par une parole qui ponctue l'infini de l'imaginaire et bouscule la rupture du réel. Comme l'impossible survenant à l'improviste, dans un monde en impasse par son exclusion, un mouvement nouveau résout soudain l'absurde insistant qu'impose la jouissance du symptôme.

Le paradoxe, c'est que la parole touche au réel. À l'opposé d'une jouissance qui emporte le sujet, la parole produit un effet de coupure, qui peut révéler d'un coup l'évidence du réel. L'inquiétude fait son entrée et rompt ce qui emportait jusqu'ici le sujet. Une intervention l'arrête. Il sort de la répétition. Réalisant qu'il parle, il se met soudain à s'entendre. Pris d'étrangeté, un malaise l'envahit. Il est saisi par un certain sentiment d'absurdité. Tout cela n'a-t-il finalement pas de sens ?

D'où vient-il ? Quel enfant est-il ? Que fait-il là ? Tout cela n'a peut-être pas d'importance. Il est soudain totalement présent, au présent, dans le temps. Il se retrouve seul. Que va-t-il faire ? Il se révèle libre de ses actes. Peut-être a-t-il peur ? C'est effectivement maintenant à lui de jouer !

Osera-t-il prendre le risque de son désir ? Pourra-t-il suivre la voie d'un dire qui soit aussi un faire[28] ? Ou bien se laissera-t-il répétitivement enfermer dans un nouveau déséquilibre au service de son impasse ? C'est le pari de toute vie qu'on retrouve aussi au terme d'une analyse.

Tel est l'enjeu. Moment crucial – véritable croisée des chemins – auquel conduit inévitablement cet événement qu'est l'expérience du réel, survenant aussi au cœur de la parole, en analyse. Mais chacun peut le rencontrer plusieurs fois au cours de sa vie. D'où cette interrogation autour de laquelle tourne la quête de l'enfant. Savoir d'où viennent les enfants : question impossible qui, plutôt que de concerner ce qui apporte la vie, serait d'abord celle qui la porte.

Au carrefour de l'instant

L'instant est insaisissable. Comme le moment précis du lever du soleil. On l'attend. On fixe l'horizon. Cela prend du temps. Il a fallu se lever à l'avance. Soudain le soleil pointe à peine. Un instant de distraction, et c'est déjà passé. Il s'impose. On est ébloui. Déjà, on ne peut plus le regarder.

Qu'est-ce que l'instant ? C'est ce qui unit et sépare. C'est un entre-deux, qui passe tout de suite, dans la fulgurance. Il se joue entre la fin et le commencement. Juste avant le lever du soleil. Juste après. Le point intermédiaire est sans étendue, comme le disait saint Augustin. C'est un point de suspension entre le passé qui n'est plus et l'avenir qui n'est pas encore. Dès que pointe l'avenir, on n'est plus dans le présent. Avant que celui-ci s'amorce, on est toujours dans le passé. Et, si on pouvait vraiment saisir l'instant présent, s'il n'allait pas rejoindre le passé ou se perdre dans l'avenir, ce ne serait pas du temps. Ce serait l'arrêt du temps. Le soleil ne se lèverait jamais. Tout resterait suspendu, dans l'attente. Là encore on retrouve la question de saint Augustin : « Si le présent, pour être du temps, doit rejoindre le passé, comment pouvons-nous déclarer qu'il est aussi, lui qui ne peut être qu'en cessant d'être[29] ? »

L'instant de la naissance, l'instant de la mort : peut-on vraiment y avoir accès ? Quand se produisent-ils ? Ce n'est que l'après qui nous dit qu'il y avait un avant. L'instant reste abstrait, même s'il a lieu. Ce n'est que dans l'après-coup qu'on sait ce qui s'est vraiment passé dans l'instant.

L'instant est discontinuité. Par le fait de l'instant, le devenir est imprédictible. L'instant est un objet synchronique qui implique une non-détermination diachronique. Chaque instant est un carrefour, une croisée des chemins. Comme le dit Giorgio Agamben, commentant Aristote, en tant qu'il est quelque chose d'insaisissable, il est aussi toujours autre, et cependant toujours même, en tant qu'il unit le passé à l'avenir[30].

Voilà pourquoi le devenir ne peut pas être un processus continu, le long d'un temps linéaire. Le devenir est fondamentalement intervalle, discontinuité. Il est une série de discontinuités. On pourrait dire qu'il est paradoxalement une série continue de discontinuités. En réalité, ce paradoxe est une manière de traiter le fait que, à chaque instant, tout peut toujours changer, et qu'en même temps il y a une certaine continuité, les choses restent les mêmes. On n'arrive pas facilement à les changer. Ce qui pose la question de ce qui fait l'identité diachronique, ce qui permet de lier en une continuité dans le temps la succession des instants négatifs et insaisissables qui font le temps.

On ne peut écrire sur la question de l'instant quand tant de philosophes depuis l'Antiquité ont tenté de penser cette question. Il ne s'agit que de pointer au passage que la question de l'instant est au cœur de celle du devenir. L'instant offre un espace pour le possible au-delà de tout ce qui participe à le déterminer sur tous les plans. L'instant est à la fois continuité et discontinuité. C'est lui qui lie le temps passé et le temps futur. C'est lui qui les sépare tout en donnant du même coup une double valence au temps, de continuité et de discontinuité.

Il y a d'un côté le temps comme discontinuité. C'est le temps de l'instant qui passe. De l'instant qui ouvre aux possibles. Ou de l'instant inexorable, comme la mort. Comme dans cette œuvre de Darren Almond[31] : une installation avec une horloge numérique, où, quand la minute passe et change d'une unité à une autre, elle produit comme le claquement d'un fouet qui nous fait sursauter, tel un coup fatal.

Il y a de l'autre côté le temps comme continuité. Le temps dans lequel on tombe en venant au monde, comme le dit saint Augustin. Le temps dans lequel on tombe, c'est le temps qui nous marque, le temps qui s'inscrit. On prend la marque du temps, sans pourtant saisir l'instant où celui-ci nous marque. Là aussi la quête de certains artistes nous enseigne, comme Roman Opalka[32]. Cet artiste s'est pris au décompte du temps, à travers un comptage systématique entrepris depuis 1965, à partir de un. Il inscrit des séries de chiffres sur des toiles, dans un dégradé de gris. Son décompte n'a pris fin qu'à la mort de l'artiste. Parallèlement, il réalise des autoportraits photographiques en noir et blanc, toujours dans la même position, en chemise blanche, sur un même fond blanc, avec une égale expression du visage, toujours dans la même lumière. Ces portraits se succèdent et s'essaient à montrer l'impact du temps, à montrer le temps, la succession des instants insaisissables, comme ce moment inatteignable du commencement du lever du soleil.

Cette œuvre peut être rapprochée de celle de Boguslawski qui avait tant impressionné Ferdinand de Saussure[33]. C'était au début de la photographie. Boguslawski s'était fait photographier toujours également dans la même posture, tous les quinze jours pendant vingt ans : chaque photo était semblable à la précédente et à la suivante, mais, par contre, la dernière était fort différente de la première. Où s'est passé le changement ? Le verdict du temps n'est lisible que dans l'après-coup, dans l'interface complexe entre l'instant et le temps, ce temps qui, quand il est, n'est pas, et quand il n'est pas, est pourtant[34].

Le temps serait-il fait d'une juxtaposition des instants qui nous échappent ? Mais où se situe l'instant ? Pas dans le passé, pas dans le futur : il n'est qu'un présent soustrait. L'instant, c'est l'intervalle : un entre-deux. Si on chiffre le temps, on ne voit que discontinuité. L'instant est comme l'intervalle entre deux chiffres, comme l'œuvre d'Alighiero Boetti qui figure un compteur suspendu entre 99 999 et 1 000 000. Ou aussi les trois pièces en enfilade selon un point de fuite à effet de perspective mises en scène par Michelangelo Pistoletto, avec dans chaque pièce une horloge et une date, correspondant chaque fois à un événement en rapport avec l'exposition, chaque horloge indiquant un temps décalé de cinq minutes en avance sur la précédente, qui donne l'effet d'intervalle pour traiter le temps qui passe. Cette œuvre montre à quel point le sujet n'a l'expérience du temps qu'à travers des images mettant en jeu l'espace, la distance, l'éloignement, les lieux.

Si chaque instant est potentiellement une rupture, vient la question de savoir ce qui fait tenir entre eux les instants négatifs, discontinus et insaisissables. Entre le temps qui coule comme le fleuve et l'instant qui fait rupture, qui coupe, qui se perd, qu'est-ce qui fait que quelque chose se maintient pour donner le sens de la durée ? Qu'est-ce qui fait l'identité diachronique ? C'est la question déjà présente chez Héraclite. Au-delà du fait qu'on ne se baigne pas deux fois dans le même fleuve, il y a le logos qui maintient la permanence. Le « logos » pour Héraclite, la « lalangue » de Lacan, ou la « dialectique » de Hegel comme la discute Agamben – la dialectique, en effet, est pour l'essentiel ce qui permet de contenir et de lier en un tout (dia-légesthai) le continuum des instants négatifs et insaisissables[35]. On ne saisit qu'après-coup ce qui n'est pas saisissable dans l'instant – ce qui n'empêche que l'instant est pourtant le moment où l'histoire se joue. Le devenir reste ouvert par le fait de l'instant insaisissable, qui en est le carrefour : le carrefour d'un devenir qui se joue à chaque instant même s'il n'est pas saisissable dans l'instant. Il n'est saisissable que dans l'après-coup de l'instant discontinu à partir duquel il se fonde. Le temps continu reste une illusion, une illusion rétrospective.

L'idée d'une continuité temporelle procède toujours d'une prospection rétrospective. D'ailleurs, les déterminants du devenir sont toujours isolés à partir de prospections rétrospectives, selon un point de vue développemental qui fonctionne sur la base de l'idée d'un temps continu : une continuité supposée qui risque toujours de recouvrir les potentialités de l'incidence de l'événement, de la coupure, de la surprise, c'est-à-dire finalement de l'instant.

Le temps continu du développement correspond finalement à la vision moderne du temps à travers une machine, l'horloge, qui donne cette illusion d'un temps linéaire, irréversible, vide, abstrait, évidemment disponible pour accueillir l'événement, mais celui-ci reste hors jeu de ce temps supposé s'écouler inexorablement, quoi qu'il arrive, même au-delà de la mort. Les aiguilles d'une horloge tournent en rond, prises dans une métaphore spatiale impuissante à signifier l'instant et sa portée.

Et si le temps n'était qu'une succession d'instants. Chaque instant est, en potentialité, la source d'un possible changement, éventuellement radical. L'instant, c'est l'intervalle, l'espace de liberté. L'instant, c'est l'incertain, la coupure, la possibilité du choix du sujet, du pari qu'il va faire sur son devenir : l'instant est bel et bien le carrefour du devenir.

L'instant, il ne faut pas le laisser passer. Tout peut changer dans l'instant. Tout peut se passer. Que se passe-t-il dans l'instant ? Qu'est-ce que l'instant laisse passer ? L'instant est en effet aussi comme l'entaille dans les tableaux de Lucio Fontana : l'infini peut passer à travers l'entaille[36]. L'instant est comme la coupure faite dans la surface de la toile, une coupure qui ouvre sur un autre monde, sur un autre temps, sur d'autres dimensions. Une coupure qui libère, mais aussi à travers laquelle tout ce qui était peut s'engouffrer. Comme la coupure, *il taglio*, l'instant est aussi l'instant de tous les enjeux.

Ou le changement et la liberté ; ou le retour de ce qui était

Mais, quoi qu'il en soit, tout bouge sans cesse. Là aussi un autre artiste, lui issu du *Land art*, nous enseigne sur le changement et la continuité. Andy Goldsworthy est fasciné par le flux et le reflux, l'énergie dans la nature, les cycles d'échanges incertains, par exemple entre la rivière et la mer. Où est la limite, où est la rivière quand elle est dans la mer, où est la mer quand elle accueille la rivière ? Pour Goldsworthy : « La véritable œuvre, c'est le changement. » La véritable œuvre, c'est l'œuvre du temps. Et c'est une œuvre imprédictible, qui l'amène à pousser son œuvre où il intervient sur le paysage à travers une construction avec des fragments de glace, des brindilles, des pierres, où il pousse sa construction jusqu'à la limite de l'effondrement, pour chercher cette balance magnifique, *beautiful balance*, où tout cela par moments tient avant d'être à nouveau emporté par le temps et l'espace.

À chaque époque son temps[37]. Le cercle du temps antique. La ligne droite du temps chrétien, entre la Genèse et la perspective eschatologique de l'Apocalypse. Le temps de la gnose[38], qui est au contraire l'expérience du temps interrompu, révolutionnaire, où le moment présent va avec le refus du passé, et le fait de ne rien attendre du futur. On balance entre le temps circulaire, le temps continu, et ce temps interrompu mis en évidence par la gnose, déjà présent chez les stoïciens, dans leur critique de l'asservissement à ce temps insaisissable, qu'ils vivaient comme une infirmité. La leçon des stoïciens, c'est de mettre en avant l'expérience libératrice du temps. On peut tomber dans le temps, être emporté par le temps, être marqué par le temps. Mais on peut aussi vivre l'expérience libératrice du temps, le fameux modèle du *kairos*, qui est autre que le modèle de *chronos*.

Le *kairos*, c'est la mise en évidence dans le temps, par le fait de l'instant, de la brusque et soudaine coïncidence[39] dans laquelle et par laquelle l'homme décide, choisit, parie. Le temps permet la coupure. Le temps à travers l'instant permet de saisir l'occasion, de modifier l'accomplissement d'une vie, dans l'instant, maintenant, immédiatement. Le *kairos* dans la conception stoïcienne est la main forte que l'homme prête à sa propre vie, comme l'écrit Agamben, et qui l'arrache radicalement à la servitude du temps.

Miser sur l'instant, sur l'instant dans le temps, comme discontinuité, c'est ce qui permet de sortir du temps, de couper, pour accéder au fait de se constituer comme l'auteur de son propre devenir. Miser sur l'instant, c'est une façon de devenir, c'est-à-dire aussi d'advenir selon le pari que chacun peut poser à chaque instant, à condition d'en assumer les conséquences. Le temps comme *kairos* introduit en effet aux conséquences plutôt qu'aux déterminations. Chacun étant à sa manière responsable de sa position de sujet[40].

On a donc un sujet qui par le fait de l'instant est divisé entre le fait que l'histoire le traverse, mais qu'il fait lui aussi l'histoire. C'est ce « minuscule décalage » que Sartre repère à propos de Genet, mais aussi de Flaubert. Il s'agit de miser sur l'instant comme une pratique du décalage, qui peut être seulement ce minuscule décalage par lequel le sujet va trouver sa liberté pour inventer ses propres réponses. Pour paraphraser Valéry, à la question « qu'est-ce que vous faites aujourd'hui ? », on pourrait répondre « je m'invente », c'est-à-dire je m'invente à partir du minuscule décalage que chaque instant introduit comme une chance de liberté, comme une potentielle sortie de l'asservissement, du malheur, du traumatisme.

C'est à travers l'instant et ses potentialités que chacun peut entreprendre cette « postcréation » que suggérait Joyce[41]. La postcréation est possible parce que, dans l'instant, le passé n'est plus, et l'avenir, pas encore[42]. Pourtant chaque instant est ce qui relie le passé au futur. L'instant est donc à la fois discontinuité et continuité. Il unit et sépare. Il est à la fois aboutissement et commencement. Il est ce point d'intersection, cette croisée des chemins où tout se joue.

Chaque instant est crucial, parce que potentiellement toujours autre. Dans l'instant, tout peut basculer, changer, se recréer. C'est l'enjeu poïétique de l'instant, son enjeu de création. Dans l'instant, on peut quitter la répétition, la continuité, le linéaire. C'est ainsi que, paradoxalement, l'instant est hors temps. C'est une dimension centrale que révèle l'œuvre de Claudio Parmiggiani, pour qui la question du temps – mais aussi de la trace, de la poussière, du reste – est centrale. Comme il l'énonce de façon surprenante : « Une œuvre et un art ne peuvent trouver asile que dans un temps sans temps[43]. » Passé, présent et futur vivent dans une seule dimension « où le temps n'existe pas[44] ». Cet espace de l'œuvre évoque l'inconscient qui lui aussi ignore le temps, mais aussi l'espace. L'inconscient est adimensionnel : il ne dispose ni de la contradiction ni de la négation.

Il ouvre dans le temps un « non-temps », une discontinuité, introduisant cette brusque et soudaine coïncidence qui permet au sujet de décider « de saisir l'occasion, accomplissant sa vie dans l'instant[45] ». C'est le *kairos* grec : par ce temps « kairologique[46] », le sujet peut à chaque instant s'arracher à la servitude du temps, dépasser ses déterminants, aller au-delà de toute prédiction : c'est le temps qui permet de se servir de l'occasion pour choisir, dans l'instant, sa liberté.

POUR NE PAS CONCLURE

La spirale du devenir

> « Nous naissons, pour ainsi dire, provisoirement quelque part ; c'est peu à peu que nous composons, en nous, le lieu de notre origine pour y naître après coup et chaque jour plus définitivement. »
>
> Rainer Maria RILKE[1].

Naître dans l'après-coup de notre naissance, naître chaque jour plus définitivement : cela pourrait être aussi naître chaque jour différemment, en potentialité avec la possibilité de changer, de se recréer différemment. Se rendre indéductible de ce qui était tout en advenant de ce qui était : telle est la passion paradoxale d'une origine qu'on peut sans cesse rejouer différemment, au-delà de ce qui était.

L'origine n'est donc pas derrière soi, elle n'est pas non plus le commencement. Elle ne se réfère pas seulement à ce qui est né : l'origine « tourbillonne[2] » autour de ce qui est en train de naître en soi, autour de soi.

Entre origine et devenir, une spirale se déploie sans se fermer, sans se boucler. La préface et la conclusion de ce livre se répondent, si ce n'est que la conclusion n'en est jamais une, comme chaque étape de la vie où l'origine peut se rejouer différemment, en s'ouvrant sur l'avenir à partir de ce qui était, pour s'inventer, pour devenir l'interprète de son désir d'exister.

Le trajet entre l'origine et le devenir vient orienter la clinique, sans se cantonner à une logique de la cause déterminante, qui cherche dans l'origine supposée la voie du soulagement. Penser l'origine au présent implique d'entrer dans une logique de la réponse – une réponse tournée vers l'avenir. L'avenir s'invente à partir des solutions trouvées par le sujet, pour « renaître » différemment, dans l'après-coup d'une naissance provisoire, pour reprendre l'expression de Rilke : un sujet responsable de sa position[3], quelles que soient les conditions de sa naissance. L'enjeu de la clinique est de se garder de ne pas pousser le sujet dans les pièges de la causalité : ne pas faire de l'origine un destin, une vie.

L'enjeu de la psychanalyse est de laisser sa place à la contingence, à la surprise, à la différence qui peut surgir même dans un destin saturé par la nécessité. Comme dans la *serendipity*[4], un mot introduit par Horace Walpole, dans une lettre du 28 janvier 1754 à son ami Horace Mann, pour désigner la faculté de « découvrir, par hasard et sagacité, des choses que l'on ne cherchait pas[5] ». Il arrive qu'il se passe autre chose que ce que l'on croyait prévoir, autre chose que ce à quoi on s'attendait. La clinique psychanalytique peut se servir de la *serendipity*, en prêtant attention à ce qui surprend, avec la sagacité de se saisir de l'inattendu, là où tout paraît déterminé, préprogrammé.

Mais, bien sûr, l'inattendu peut être de vie ou de mort. L'enjeu du devenir se choisit du côté de la vie. Une telle perspective passe paradoxalement par l'intégration de la possibilité de la mort dans le temps présent de la vie. Pour faire le pari de la vie, il faut inclure la mort dans la vie. On retrouve Montaigne : « Il est certain que la mort nous attende, attendons-la partout. La préméditation de la mort est préméditation de la liberté[6]. »

Inclure la mort dans la vie, telle est la condition d'une possible liberté dans le devenir. Le sujet vit des réponses qu'il invente, le plus souvent tout à fait autres que celles qui se laissaient entrevoir, qui auraient dû le déterminer – ouvrir l'espace pour accueillir l'inattendu du côté de la vie, vers une origine toujours à venir.

Notes bibliographiques

PRÉFACE
L'après-coup de l'origine

1. Ce livre est en lui-même un après-coup – un après-coup de son origine même, à partir d'une préoccupation en série sur la question de l'origine, avec un premier essai paru chez Payot-Lausanne (François Ansermet, *Clinique de l'origine. L'enfant entre la médecine et la psychanalyse*, Lausanne, Payot, 1999), puis un autre revu et augmenté aux éditons Cécile Defaut (François Ansermet. *Clinique de l'origine*, nouvelle édition revue et augmentée, Nantes, Éditions Cécile Defaut, « Psyché », 2012), tous deux épuisés, les éditeurs ayant clos leur activité, tout en me transmettant la possibilité de disposer de leurs publications. Par la suite, ce livre est devenu un autre. Plutôt que d'être repris, il s'est trouvé transformé, renversé, subverti : métamorphosé en un livre sur le devenir, sur l'après-coup de l'origine, sur l'origine à venir, par-delà toute condition d'origine – un mouvement qui a du même coup emporté ce livre au-delà de son origine.
2. Walter Benjamin, *Origine du drame baroque allemand*, Paris, Flammarion, 2009, p. 56.
3. Rainer Maria Rilke, *Lettres milanaises, 1921-1926*, Paris, Librairie Plon, 1956, p. 23-30.
4. Cette partie du chapitre est reprise et modifiée à partir de François Ansermet, *Clinique de l'origine*, nouvelle édition revue et augmentée, Nantes, Éditions Cécile Defaut, « Psyché », 2012.
5. Sigmund Freud, *L'Interprétation des rêves* (1900), Paris, PUF, 1971, p. 415.
6. Carlo Ossola, *L'Avenir de nos origines. Le Copiste et le Prophète*, Grenoble, Éditions Jérôme Million, 2004, p. 104.
7. Pascal Quignard, *La Barque silencieuse*, Paris, Seuil, 2009, p. 11.

8. Carlo Ossola, *L'Avenir de nos origine*, *op. cit.*, p. 104.
9. Pour Lacan, la clinique est en effet le réel en tant qu'impossible à supporter, voir Jacques-Alain Miller, « Encyclopédie », *Ornicar ?*, 1981, 24, p. 44.
10. « Car il ne suffit pas d'en décider par son effet : la mort. Il s'agit encore de savoir quelle mort, celle que porte la vie ou celle qui la porte », Jacques Lacan, « Subversion du sujet et dialectique du désir », *Écrits*, Paris, Seuil, 1966, p. 810.
11. Voir la notion du binaire entre constat et vérité telle que l'a abordée Jacques-Alain Miller dans son cours *L'Orientation lacanienne*, séance du 23 mai 2011.
12. Jean Genet, *Journal du voleur*, Paris, Gallimard, 1997, p. 44-47 ; voir aussi Hélène Cixous, *Entretien de la blessure. Sur Jean Genet*, Paris, Galilée, 2011, p. 15-19.
13. Sigmund Freud, « L'hérédité et l'étiologie des névroses, 1896 », *Névrose, psychose et perversion*, Paris, PUF, 1973.
14. Sigmund Freud, « Lettre à Fliess du 6. 12. 1896 », *La Naissance de la psychanalyse*, Paris, PUF, 1956.
15. Sur cette notion d'indestructibilité, voir la fameuse citation sur laquelle se clôt *L'Interprétation des rêves*, Sigmund Freud, *op. cit.* : « Cet avenir, présent pour le rêveur, est modelé par le désir indestructible, à l'image du passé. »
16. Qui ignore le temps, la contradiction, la négation : voir la définition de Freud dans : « Les propriétés particulières du système inconscient », *L'Inconscient, métapsychologie*, Paris, Gallimard, « Idées », 1976, p. 96-101 ; voir aussi Lacan à propos du processus primaire : « Ce qui s'y passe est inaccessible à la contradiction, à la localisation spatiotemporelle, et aussi bien à la fonction du temps », Jacques Lacan, « Les quatre concepts fondamentaux de la psychanalyse » (1964), *Le Séminaire*, Livre XI, Paris, Seuil, 1973, p. 33.
17. Sigmund Freud, « La décomposition de la personnalité psychique », *Nouvelles Conférences d'introduction à la psychanalyse* (1933), Paris, Gallimard, « NRF », 1984, p. 103.
18. Sigmund Freud, *Malaise dans la civilisation* (1929), Paris, PUF, 1971, p. 11.
19. « L'essentiel est entièrement conservé, même ce qui paraît complètement oublié subsiste encore de quelque façon et en quelque lieu, mais enseveli, inaccessible à l'individu. Comme on le sait, il est douteux qu'une formation psychique quelconque puisse vraiment subir une destruction totale », Sigmund Freud, « Construction dans l'analyse » (1937), *Résultats, idées, problèmes, II*, Paris, PUF, 1985, p. 272.
20. Sigmund Freud, « Manuscrit M, 25 mai 1897 », *Naissance de la psychanalyse*, *op. cit.*, p. 179-182.
21. La vie est définie finalement par Freud comme un détour sur le chemin de la mort, la substance vivante étant amenée à « faire des détours toujours plus compliqués » qui l'amènent pourtant à « son but : la mort », Sigmund Freud,

« Au-delà du principe de plaisir » (1920), *Essais de psychanalyse*, Paris, Petite Bibliothèque Payot, 1981, p. 83.
22. Voir à ce propos Sigmund Freud, « Le motif de choix des coffrets » (1913), *L'Inquiétante Étrangeté*, Paris, Gallimard, « NRF », 1985, p. 76.
23. « Son passé infantile s'est emparé de lui... », Sigmund Freud, *Un souvenir d'enfance de Léonard de Vinci* (1910), Paris, Gallimard, « NRF », 1987, p. 173.
24. « [...] tout dans notre vie est hasard, à partir de notre commencement, par la rencontre du spermatozoïde et de l'ovule, hasard qui participe certes aux lois et à la nécessité de la nature, mais qui est sans rapport avec nos désirs et nos illusions. Le partage, dans ce qui détermine notre vie, entre les "nécessités" de notre constitution et les "hasards" de notre enfance peut bien être encore incertain dans le détail ; mais dans l'ensemble, il ne subsiste aucun doute quant à l'importance de nos premières années d'enfance », *ibid.*, p. 178-179.
25. Jacques Lacan, « Le phénomène lacanien », Conférence à Nice, le 30 novembre 1974, *Les Cahiers cliniques de Nice*, 1988, 1, p. 18.
26. Jacques Lacan, « Le sinthome » (1975-1976), *Le Séminaire*, Livre XXIII, Paris, Seuil, 2005, p. 162.
27. La question de la production de la discontinuité est au centre de notre travail avec Pierre Magistretti sur la réassociation des traces dont le destin sépare de l'expérience initiale, voir François Ansermet, Pierre Magistretti, *À chacun son cerveau*, Paris, Odile Jacob, 2004, réédition Poche, 2011.
28. Cette question de l'instant et du devenir est reprise dans « Au carrefour de l'instant » plus loin dans ce volume.
29. Hannah Arendt, *La Crise de la culture*, Paris, Gallimard, « Folio Essais », 2007, p. 24.
30. « Ce petit non-espace-temps au cœur même du temps, contrairement au monde et à la culture où nous naissons, peut seulement être indiqué, mais ne peut être transmis ou hérité du passé ; chaque génération nouvelle et même tout être humain nouveau en tant qu'il s'insère lui-même entre un passé infini et un futur infini, doit le découvrir et le frayer laborieusement à nouveau », *ibid.*, p. 24.
31. *Ibid.*, p. 22.
32. Comme l'énonce Einstein : « Ce n'est pas le temps qui passe mais nous qui passons dans le temps. »
33. Lacan fait la même opposition à propos du non-rapport entre histoire et développement : « C'est assez dire au passage que dans la psychanalyse, l'histoire est une autre dimension que celle du développement [...]. L'histoire ne se poursuit qu'en contre-temps du développement », Jacques Lacan, « La science et la vérité », *Écrits*, *op. cit.*, p. 875.
34. Voir François Ansermet, Pierre Magistretti, *Les Énigmes du plaisir*, Odile Jacob, Paris, 2010, qui est une tentative de revisiter les interrogations de Freud dans Sigmund Freud, « Au-delà du principe de plaisir », *op. cit.*

35. Giorgio Agamben, *Enfance et histoire*, Paris, Payot-Rivages, 2000, p. 68.
36. « Se faire l'analysant de son indéductible contingence », Jacques-Alain Miller, « Préface », *Un début dans la vie*, Paris, Gallimard, 2002, p. XII.
37. Sigmund Freud, « Le roman familial des névrosés » (1909), *Névrose, psychose et perversion*, *op. cit.*, p. 157-160.
38. Sigmund Freud, « Les théories sexuelles infantiles » (1908), *La Vie sexuelle*, Paris, PUF, 1969.
39. Jacques Lacan, « Variantes de la cure-type » (1955), *Écrits*, *op. cit.*, p. 350.

CHAPITRE 1

Les énigmes de l'origine

1. Sigmund Freud, « Les théories sexuelles infantiles », *op. cit.*
2. Sándor Ferenczi, *Thalassa. Psychanalyse des origines de la vie sexuelle*, (1924), Paris, Petite Bibliothèque Payot, 1992.
3. Sigmund Freud, « Considérations actuelles sur la guerre et sur la mort » (1915), *Essais de psychanalyse*, *op. cit.*, p. 26.
4. Roger Lewinter, *L'Apparat de l'âme*, Paris, Mazarine, 1980.
5. Sigmund Freud, « Au-delà du principe du plaisir », 1920, *Essais de psychanalyse*, *op. cit.*, p. 83.
6. Charles-Ferdinand Ramuz, « Symétrie », *Nouvelles et morceaux*, tome 3 : *1912-1914*, Genève, Slatkine, 2007, p. 513-518.
7. Sigmund Freud, « Au-delà du principe de plaisir », *op. cit.*, p. 82.
8. Jacques Lacan, « Subversion du sujet et dialectique du désir », *Écrits*, *op. cit.*, p. 810.
9. Mircea Eliade, *Le Sacré et le Profane*, Paris, Gallimard, « Idées », 1965 ; rééd. « Folio essais », 1987.
10. *Le Monde*, vendredi 6 août 1993.
11. Sigmund Freud, « Les théories sexuelles infantiles » (1908), *La Vie sexuelle*, *op. cit.*
12. Laurence Kahn, « L'arbre à fraises », *in La Petite Maison de l'âme*, Paris, Gallimard, 1991, p. 167-171.
13. Sigmund Freud, « Les théories sexuelles infantiles », *op. cit.*, p. 18.
14. *Ibid.*
15. *Ibid.*
16. *Ibid.*
17. Jacques Lacan, « La relation d'objet » (1956-1957), *Le Séminaire*, Livre IV, Paris, Seuil, 1994.
18. Sigmund Freud, *Un souvenir d'enfance de Léonard de Vinci*, *op. cit.*

19. « Lettre de Sigmund Freud à Carl Gustav Jung du 7 octobre 1909 », *in* Sigmund Freud, Carl Gustav Jung, *Correspondance, I, 1906-1909*, Paris, Gallimard, 1975, p. 336.
20. Sigmund Freud, *Un souvenir d'enfance de Léonard de Vinci*, *op. cit.*, p. 67.
21. Lettre de Sigmund Freud à Carl Gustav Jung du 7 octobre 1909, *op. cit.*
22. « C'est ainsi que l'enfant ne ramène pas à l'originaire, mais bien plutôt au réel » (Jacques Lacan, *Scilicet*, 1976, 6/7, p. 177).
23. Jacques Lacan, « Réponse au commentaire de Jean Hyppolite sur la Verneinung de Freud » (1954), *Écrits*, *op. cit.*, p. 388.
24. Franz Kafka, « Le souci du père de famille », *Œuvres complètes, II*, Paris, Gallimard, « Bibliothèque de la Pléiade », 1980, p. 523.
25. Sigmund Freud, « Pour introduire le narcissisme » (1914), *La Vie sexuelle*, *op. cit.*, p. 96.
26. Jacques Lacan, « Propos sur la causalité psychique » (1946), *Écrits*, *op. cit.*, p. 186-187.
27. Jacques Lacan, « Fonction et champ de la parole et du langage en psychanalyse » (1953), *Écrits*, *op. cit.*, p. 320.
28. Philippe Lacadée, « Le symptôme de l'enfant », *in* Philippe Lacadée *et al.*, « L'enfant, la vérité et le roman familial », *Série de la découverte freudienne*, vol. 7, Toulouse, Presses universitaires du Mirail, 1992, p. 3-22.
29. Jacques Lacan, « L'étourdi », *Scilicet*, 1972, 4, p. 15 ; Jacques-Alain Miller, « Les réponses du réel », *in* ouvrage collectif, *Aspects du malaise dans la civilisation*, Paris, Navarin éditeur, « Psychanalyse au CNRS », 1987, p. 9-22.
30. Eugénie Lemoine-Luccioni, « Le réel en jeu », *Analytica*, 1984, 36, p. 86-92, p. 88.
31. Tobie Nathan, « L'enfant ancêtre », *Nouvelle Revue d'ethnographie*, 1985, 4, p. 7-8.
32. Sigmund Freud, « L'intérêt de la psychanalyse » (1913), *Résultats, idées, problèmes, I*, Paris, PUF, 1984, p. 205.
33. Jacques Lacan, « L'éthique de la psychanalyse » (1959-1960), *Le Séminaire*, Livre VIII, Paris, Seuil, 1986, p. 33 ; Jacques Lacan, « L'envers de la psychanalyse » (1969-1970), *Le Séminaire*, Livre XVI, Paris, Seuil, 1991, p. 144.
34. Jacques Lacan, « Fonction et champ de la parole et du langage en psychanalyse », *op. cit.*, p. 300.
35. Sigmund Freud, « La décomposition de la personnalité psychique » (1933), *in Nouvelles Conférences d'introduction à la psychanalyse*, *op. cit.*, p. 110.
36. Jacques Lacan, « L'instance de la lettre dans l'inconscient ou la raison depuis Freud » (1957), *Écrits*, *op. cit.*, p. 524.
37. *Ibid.*
38. Jacques Lacan, « Fonction et champ de la parole et du langage en psychanalyse », *op. cit.*, p. 279.

39. Claude Lévi-Strauss, « La structure des mythes » (1955), *Anthropologie structurale, I*, Paris, Plon, 1958, p. 240.
40. Françoise Héritier, *Les Deux Sœurs et leur Mère. Anthropologie de l'inceste*, Paris, Odile Jacob, 1994, p. 11.
41. Françoise Héritier, « Inceste », *in* Pierre Bonte, Michel Izard, *Dictionnaire de l'ethnologie et de l'anthropologie*, Paris, PUF, 1991, p. 349.
42. Texte initialement paru dans la revue *Hermès* : François Ansermet, « Les malentendus de l'origine », *Hermès,* 2019, 84, p. 71-79.
43. Il y a eu bien d'autres façons de concevoir cette vision biologique, ce n'est peut-être qu'un épisode parmi d'autres de l'anthropologie de l'origine et de la parenté, qui a passé aussi par bien d'autres modèles dans l'histoire de l'humanité – le réaliser permettrait peut-être de pouvoir se situer aussi au-delà des seules contraintes biologiques.
44. Walter Benjamin, *Origine du drame baroque allemand, op. cit.*, p. 56.
45. Jacques Lacan, « Les quatre concepts fondamentaux de la psychanalyse », *op. cit.*, p. 41.
46. François Ansermet, *La Fabrication des enfants. Un vertige technologique*, Paris, Odile Jacob, 2015.
47. Jacques Lacan, « Le malentendu » (10 juin 1980), *Ornicar ?*, 1981, 22/23, p. 12.
48. *Ibid.*
49. *Ibid.*
50. Michel de Montaigne, *Essais*, Livre I, chap. XIX.
51. C'est la question fondamentale posée par Agamben qui interroge la limite de ce qui peut être sacrifié sans commettre d'homicide ; voir Giorgio Agamben, *Homo sacer. Le pouvoir souverain et la vie nue*, Paris, Seuil, 1997.
52. Jacques Lacan, « Le malentendu », *op. cit.*
53. Jacques Lacan, « Les formations de l'inconscient » (1957-1958), *Le Séminaire*, Livre V, Paris, Seuil, 1998, p. 245.
54. *Ibid.*
55. Mary Shelley, *Frankenstein ou le Moderne Prométhée*, traduction Eugène Rocartel et Georges Cuvelier, Paris, Pocket, 1995, p. 65.
56. *Ibid.*, p. 71.
57. *Ibid.*
58. *Ibid.*, p. 72-73.
59. Jacques Lacan, « Les quatre concepts fondamentaux de la psychanalyse », *op. cit.*, p. 243.
60. Lacan fait cette distinction à propos de la mort : « Car il ne suffit pas d'en décider par son effet : la mort. Il s'agit encore de savoir quelle mort, celle que porte la vie ou celle qui la porte ». Jacques Lacan, « Subversion du sujet

et dialectique du désir dans l'inconscient freudien » (1960), *Écrits*, *op. cit.*, p 793-827, p. 810.

61. Michel de Montaigne, *Essais*, Livre I, chap. XIX.
62. Samuel Beckett, *Fin de partie*, 1957.
63. Godard dit bien le malentendu de l'idée de donner la vie : la vie, on la reçoit plutôt qu'on ne la donne ; voir Jean-Luc Godard, « Vu par le bœuf et l'âne » (1984), *in Jean-Luc Godard par Jean-Luc Godard*, Paris, *Les Cahiers du cinéma*, 1985, p. 588.
64. Sigmund Freud, « Pourquoi la guerre ? » (1932), *Résultats, idées, problèmes*, t. II, Paris, PUF, 1985, p. 211.
65. Voir Jacques Lacan, « L'éthique de la psychanalyse », *op. cit.*, p. 167. Voir aussi *Écrits*, *op. cit.*, p. 524 : « Quel est donc cet autre auquel je suis plus attaché qu'à moi puisqu'au sein le plus assenti de mon identité à moi-même, c'est lui qui m'agite ? »
66. Jacques Lacan, « L'éthique de la psychanalyse », *op. cit.*, p. 179.
67. Jacques Lacan, « Le malentendu », *op. cit.*
68. Texte repris de la conférence donnée le 8 juin 2018 dans le cadre de la Journée d'étude du Séminaire « Les enfants de la science », organisé par le service de psychiatrie d'enfants et d'adolescents du groupe hospitalier Pitié-Salpêtrière, en collaboration avec l'association Lien POPI (Périnatalité d'orientation psychanalytique en institution) sur le thème « Procréation et biotechnologies : les défis de la prédiction, les surprises de la clinique », Paris, le 8 juin 2018, repris et modifié à partir de sa publication : François Ansermet, « Défis contemporains éthiques et cliniques des biotechnologies de la procréation, du genre et de la prédiction », *Neuropsychiatrie de l'enfance et de l'adolescence*, 2019, 67 (4), p. 189-193.
69. François Ansermet, *La Fabrication des enfants*, *op. cit.*
70. Ce texte reprend aussi quelques thématiques que j'ai développées dans le cadre de l'enseignement en 2017-2018, à l'ECF, « Disruptions dans la filiation, le genre et la procréation », avec Éric Laurent, Dominique Laurent, Nouria Gründler et moi-même.
71. Giorgio Agamben, *Qu'est-ce que le contemporain ?*, Paris, Payot-Rivages, 2008.
72. Friedrich Nietzsche, *Considérations inactuelles, II*, Paris, Gallimard, « Folio Essais », 2015, p. 94.
73. Pour reprendre les termes de Dominique Lecourt, voir son livre, *Humain, posthumain*, Paris, PUF, 2003.
74. Ce qui est significativement différent de l'adoption où l'enfant est déjà là, et qui consiste à offrir des parents à un enfant et non un enfant à des parents.
75. C'est sur ce principe qu'est orienté Lien POPI (association sous la responsabilité de Nouria Gründler) dans ses interventions tant dans le service de psychiatrie d'enfants et d'adolescents à la Salpêtrière (professeur David Cohen)

qu'au CECOS de Cochin (professeur Jean-Philippe Wolf et docteur Catherine Patrat).

76. François Ansermet, *Clinique de l'origine*, nouvelle édition revue et augmentée, Nantes, Éditions Cécile Defaut, « Psyché », 2012.
77. La sexualité non seulement renvoie au réel mais elle fait « trou dans le réel », comme a pu l'écrire Lacan : Jacques Lacan, « "Préface" à *L'Éveil du printemps* de Frank Wedekind » (1974), *Autres Écrits*, Paris, Seuil, 2001.
78. Giorgio Agamben, *Qu'est-ce que le contemporain ?*, *op. cit.*, p. 19-20.
79. Jacques Lacan, « Le désir et son interprétation » (1958-1959), *Le Séminaire*, Livre VI, Paris, La Martinière, « Champ freudien », 2013, p. 108.
80. Jacques Lacan, *Le Séminaire*, Livre X.
81. Jacques Lacan, « Les quatre concepts fondamentaux de la psychanalyse », *op. cit.*, p. 41.
82. Pour suivre ce qu'en dit Jacques-Alain Miller : « Le chemin pris par la civilisation aujourd'hui montre que le plus-de-jouir ne soutient pas seulement la réalité du fantasme, mais qu'il est en passe de soutenir la réalité comme telle. Cela peut se traduire, si l'on veut, dans les termes d'une réalité devenue fantasme », « Jouer sa partie », *La Cause du désir*, juin 2020, 105, p. 26.
83. Jacques Lacan, « Allocution sur les psychoses de l'enfant » (1967), *Autres Écrits*, *op. cit.*, p. 366.
84. Lacan fait en effet de « la captation du sujet par la situation la formule la plus générale de la folie », « Le stade du miroir » (1949), *Écrits*, *op. cit.*, p. 99.
85. Voir à ce propos la discussion de Jacques-Alain Miller sur le cinquième paradigme de la jouissance : « Les six paradigmes de la jouissance », *La Cause freudienne*, 1999, 43, p. 7-29.
86. Jacques Lacan, « Petit discours aux psychiatres », conférence au Cercle d'études dirigé par Henri Ey, 1969, inédit.
87. Voir Michel Foucault, *Histoire de la sexualité*, tome 2 : *Les Usages des plaisirs*, 1984 ; Henri Bergson, *L'Évolution créatrice*, 1097.
88. Texte repris et transformé à partir de François Ansermet, « Faire un enfant demain », *in* Jean Zermatten, Philip D. Jaffé, *30 Ans de droits de l'enfant : un nouvel élan pour l'humanité*, Association 30 ans de droits de l'enfant, Genève, Université de Genève, 2019, p. 216-225 ; François Ansermet, « Concevoir un enfant demain », *Médecine de la reproduction*, 2020, 22 (3), p. 258-262.
89. FrançoisAnsermet, *Prédire l'enfant*, Paris, PUF, 2019.
90. François Ansermet, *La Fabrication des enfants*, *op. cit.*
91. Voir à ce propos la notion si pertinente de butée logique chez Lacan pour désigner la butée qu'implique la confrontation à un réel impossible à penser : « Le réel, c'est l'impossible. Non pas au titre de simple butée contre quoi nous nous cognons le front, mais de la butée logique de ce qui, du symbolique,

s'énonce comme impossible », Jacques Lacan, « L'envers de la psychanalyse », *op. cit.*, p. 143.

92. François Ansermet, *Prune Nourry. Serendipity*, Arles, Actes Sud, 2018, 2e édition.
93. René Char, « Les feuillets d'Hypnos », *Œuvres complètes*, Paris, Gallimard, « Bibliothèque de la Pléiade », 1983, p. 212-213.

CHAPITRE 2

Recréer son origine

1. Selon la définition donnée d'eux-mêmes par le Collectif Intersexes et Allié.e.s – Organisation OII-France (https://cia-oiifrance.org/intersexe-cest-quoi-2/).
2. Une « vie nouvelle caractérisée par de nouvelles constantes physiologiques », Georges Canguilhem, *Le Normal et le Pathologique*, Paris, PUF, 2013, p. 163.
3. *Ibid.*, p. 85.
4. *Ibid.*
5. Dans des circonstances parfois inattendues encore, comme lors du final du 800 mètres dames des championnats du monde d'athlétisme d'août 2009, où Caster Semenya a couru si vite que les commentateurs n'ont pas tardé à pointer son allure trop androgyne. Après de multiples examens, la sportive a découvert en même temps que le monde entier qu'elle « possédait un appareil génital externe féminin et des testicules internes ». Elle était intersexuelle et ne le savait pas.
6. Voir les débats éthiques soulevés par l'*Avis 132* du Comité consultatif national d'éthique en France, du 27 novembre 2019, disponible en ligne (https://www.ccne-ethique.fr/node/171).
7. Rapport de la Commission nationale d'éthique suisse « Attitude à adopter face aux variations du développement sexuel », *Prise de position no. 20/2012* Berne, novembre 2012, p. 217.
8. Jacques Lacan, sur les trois temps de la pulsion dans « Les quatre concept fondamentaux de la psychanalyse », *op. cit.*
9. Jackie Pigeaud, *Ni l'un ni l'autre. L'androgyne ou l'hermaphrodite*, Paris, Payot, 2014.
10. Jacques Lacan, « Remarque sur le rapport de Daniel Lagache », *Écrits*, *op. cit.*, p. 653.
11. « C'est là qu'on s'aperçoit que *sexe*, avec l'accent qu'il a pour nous et son ordre d'emploi, sa diffusion significative, c'est *sexus*. Par rapport au grec [...] mais en latin, ça se rattache nettement à *secare* », Jacques Lacan, « L'envers de la psychanalyse », *op. cit.*, p. 86.
12. *Ibid.*, p. 89.

13. À propos de la théorie « queer » des féministes postmodernes, voir Judith Butler, *Trouble dans le genre. Pour un féminisme de la subversion*, trad. Cynthya Kraus, Paris, La Découverte, 2005.
14. Anne Fausto-Sterling, *Sexing the Body : Gender, Politics and the Construction of Sexuality*, New York, Basic Books, 2000.
15. Depuis les travaux inauguraux de David C. Page. *et al.*, « The sex-determining region of the human γ chromosome encodes a finger protein », *Cell.*, 1987, 51 (6), p. 1091-1104.
16. Anne Fausto-Sterling, *Les Cinq Sexes. Pourquoi mâle et femelle ne sont pas suffisants*, Paris, Petite Bibliothèque Payot, 2018.
17. Delphine Horvilleur, *Le Rabbin et le Psychanalyste*, Paris, Hermann, 2020, p. 47.
18. *Ibid.*, p. 48.
19. Marie Delcourt, *Hermaphrodite. Mythes et rites de la bisexualité dans l'Antiquité classique*, Paris, PUF, 1958, 2e édition revue 1992.
20. Marie Delcourt, *Stérilités mystérieuses et naissances maléfiques dans l'Antiquité classique* (1938), Paris, Les Belles Lettres, 1986.
21. Michel Foucault, « Le vrai sexe » (1980), *Dits et Écrits*, vol. IV, (1980-1988), Paris, Gallimard, « NRF », 1994.
22. John Money, Joan G. Hampson, « Imprinting and the establishment of gender role », *AMA Arch. NeurPsychiatry*, 1957, 77, p. 333-336. Trad. *in* Pierre-Henri Castel, *La Métamorphose impensable. Essai sur le transsexualisme et l'identité personnelle*, Paris, Gallimard, 2003, p. 63.
23. Pierre-Henri Castel, *La Métamorphose impensable, op. cit.*, p. 64.
24. John Money, « Ablatio penis : Normal male infant sex-reassigned as a girl », *Archives of Sexual Behavior*, 1975, 4 (1), p. 65-71.
25. Milton Diamond, H. Keith Sigmundson, « Sex reassignment at birth. Long-term review and clinical implications », *Arch. Pediatr. Adolesc. Med.*, 1997, 151 (3), 1997, p. 298-304.
26. Voir l'entretien en 2000 avec David Reimer et sa mère lors de l'émission télévisée d'Oprah Winfrey, *Why the Boy Who Was Raised as a Girl Forgave His Mother*, 2018, disponible sur YouTube (https://www.youtube.com/watch?v=eQJHPQpf6mI).
27. John Money, Joan G. Hampson, « Imprinting and the establishment of gender role », art. cit.
28. Robert J. Stoller, *Sex and Gender : On the Development of Masculinity and Feminity*, New York, Science House, 1968.
29. Judith Butler, « Rendre justice à David : réassignation de sexe et allégories de la transsexualité », *Défaire le genre*, Paris, Éditions Amsterdam, 2012.
30. John Colapinto, *Bruce, Brenda et David. L'histoire du garçon que l'on transforma en fille*, Paris, Denoël, 2014.

31. Milton Diamond, H. Keith Sigmundson, « Sex reassignment at birth. Long-term review and clinical implications », art. cit. ; voir aussi les excellents recensements historique – d'où sont tirés les repères ici résumés – de Pierre-Henri Castel, *La Métamorphose impensable*, *op. cit.*, p. 63 *sq.*, p. 426.
32. Platon, *Le Banquet*, trad. de Luc Brisson, Paris, GF Flammarion, 2000 ; voir aussi la discussion critique dans Luc Brisson, *Le Sexe incertain. Androgynie et hermaphrodisme dans l'Antiquité gréco-romaine*, Paris, Les Belles Lettres, 2008 (en particulier sur le mythe d'Aristophane p. 68-78).
33. Marie Delcourt, *Hermaphrodite*, *op. cit.*
34. Voir à ce propos les passions mises en jeu dans les discussions qui accompagnent tout débat concernant l'attitude face à l'intersexualité, comme a pu le mettre en évidence l'*Avis 132* du CCNE sur le thème des « Questions éthiques soulevées par la situation des personnes ayant des variations du développement sexuel ».
35. Intervention de Jacques Lacan à Sainte-Anne le 4 novembre 1971, *in Je parle aux murs*, *op. cit.*
36. Voir la notion de moment de conclure dans la conception du temps logique chez Lacan : Jacques Lacan, « Le temps logique et l'assertion de certitude anticipée » (1945), *Écrits*, *op. cit.*, p. 197-211.
37. La question de la différence sexuelle rencontre en effet aussi celle de l'impasse sexuelle, à propos de laquelle il s'agit de trouver la voie des « fictions qui rationalisent l'impossible dont elle provient » (Jacques Lacan, *Télévision*, Paris, Seuil, 1974, p. 51).
38. Sigmund Freud, *Trois Essais sur la théorie sexuelle*, *op. cit.*, p. 162.
39. Eva Pigois, « L'intersexualité ou les ambiguïtés de la liberté », *Mental*, 2009, 22, p. 205-209.
40. Denis Diderot, « Paradoxe sur le comédien », *Œuvres complètes*, vol. 20, Paris, Hermann, 1995.
41. Zygmunt Bauman, *L'Amour liquide. De la fragilité des liens entre les hommes* (*Liquid Love*, 2003), Arles, Le Rouergue, 2004, et *La Vie liquide*, Le Rouergue/Chambon, 2006.
42. Jack Halberstam, Marie-Hélène Brousse, « Queering psychoanalysis », *The Lacanian Review*, 2016, 2 (https://www.thelacanianreviews.com/1893-2/).
43. Colette Chiland *et al.*, « Pères d'un nouveau genre et leurs enfants », *La Psychiatrie de l'enfant*, 2013, 56, p. 97-125. Cette étude se poursuit aujourd'hui, conduite par Agnès Condat, dans le service du professeur David Cohen à la Salpêtrière ; voir aussi un travail d'explicitation générale sur ce contexte : Agnès Condat *et al.*, « Biotechnologies that empower transgender persons to self-actualize as individuals, partners, spouses, and parents are defining new ways to conceive a child : Psychological considerations and ethical issues », *Philos. Ethics Humanit. Med.*, 2018, 13 (1), p. 1.
44. *Petite Fille*, documentaire réalisé par Sébastien Lifshitz en 2020.

45. « La butée logique de ce qui, du symbolique, s'énonce comme impossible. C'est là que le réel surgit », Jacques Lacan, « L'envers de la psychanalyse », *op. cit.*, p. 143.
46. Lisa Littman, « Rapid-onset gender dysphoria in adolescents and young adults : A study of parental reports », *PLoS One*, 2018, 13 (8), e0202330.
47. Lisa Littman, Correction, « Parent reports of adolescents and young adults perceived to show signs of a rapid onset of gender dysphoria », *PLoS One*, 2019, 14 (3), e0214157.
48. Paul B. Preciado, *Je suis un monstre qui vous parle. Rapport pour une académie de psychanalystes*, Grasset, Paris, 2020 ; voir aussi la conversation qui a suivi son exposé : François Ansermet, Omaïra Meseguer, « Entretien avec Paul B. Preciado », *La Cause du désir*, 2020, 104, p. 106-108.
49. Comme le dit Lacan à propos de la certitude psychotique : « Ce n'est pas de réalité qu'il s'agit [...] mais de certitude », Jacques Lacan, « Les psychoses », *Le Séminaire*, Livre III, Paris, Seuil, 1981, p. 88.
50. Jacques Lacan, « Savoir, ignorance, vérité et jouissance » (leçon du 4 novembre 1971), *Je parle aux murs*, *op. cit.*, p. 34.
51. Jacques Lacan, « ... ou pire » (1971-1972), *Le Séminaire*, Livre XIX, Paris, Seuil, 2011, p. 17.
52. *Ibid.*
53. En se référant à l'idée de sinthome chez Lacan, à partir de ce qu'il développe dans son *Séminaire* qui porte sur ce thème (Jacques Lacan, « Le sinthome » [1975-1976], *op. cit.*), on pourrait parler de variations sinthomatiques du genre.
54. Le transsexuel ne serait plus ainsi laissé sans le secours d'un discours établi, contrairement au schizophrène : « [...] ce dont ledit schizophrène se spécifie d'être pris sans le secours d'aucun discours établi », Jacques Lacan, « L'étourdi », *Autres Écrits*, *op. cit.*, p. 474.
55. Voir la dimension asymptotique mise en évidence par Lacan dans son schéma I, dans son écrit « D'une question préliminaire à tout traitement possible de la psychose », *Écrits*, *op. cit.*
56. Voir précédemment dans le chapitre 1, « Les malentendus de l'origine ».
57. Jacques Lacan, « Le malentendu » (10 juin 1980), *Ornicar ?*, 1981, 22/23, p. 12.
58. *Ibid.*

CHAPITRE 3

Les pièges du destin

1. Charles-Ferdinand Ramuz, « Symétrie », *op. cit.*, p. 513-518.
2. Michel de Montaigne, *Essais*, Livre I, chapitre XX.

3. Michel de Montaigne, *Essais*, Livre I, chapitre XIX.
4. Nicole Loraux, *Né de la terre. Mythe et politique à Athènes*, Paris, Seuil, 1996.
5. Jean-Pierre Vernant, *Pandora, la première femme*, Paris, Bayard, 2006, p. 72-73.
6. Sigmund Freud, *L'Interprétation des rêves*, *op. cit.*, p. 98 *sq*.
7. Jacques Lacan, « Le moi dans la théorie de Freud et dans la technique de la psychanalyse », *Le Séminaire*, Livre II, Paris, Seuil, 1978, p. 186.
8. *Ibid.*, p. 196.
9. Serge Leclaire, *On tue un enfant. Un essai sur le narcissisme primaire et la pulsion de mort*, Paris, Seuil, « Le champ freudien », 1975.
10. *Ibid.*
11. Sigmund Freud, « La tête de Méduse » (1922), *Résultats, idées, problèmes*, t. II : *1921-1938*, Paris, PUF, 1985.
12. On mesure en tout cas à quel point le mythe de Méduse est complexe, et, comme l'écrit Freud : « On devrait suivre la genèse de ce symbole d'horreur isolé, dans la mythologie des Grecs, ainsi que ses parallèles dans d'autres mythologies », Sigmund Freud, « La tête de Méduse », *op. cit.* ; voir aussi à ce propos Jean-Pierre Vernant, *L'Histoire n'est pas tout à fait finie. Conférences sur Pandora, Ulysse et Persée*, Paris, Bayard, Paris, 2013, p. 83-120.
13. « La tête de la Gorgone, cette tête monstrueuse dont on nous dit qu'on ne peut ni la voir, ni la peindre, ni la dire, elle est partout... », Jean-Pierre Vernant, *L'Histoire n'est pas tout à fait finie*, *op. cit.*, p. 108.
14. Pascal Quignard, *Le Nom sur le bout de la langue. Petit traité sur Méduse*, Paris, P.O.L., 1993.
15. Repris et modifié de *La Lettre mensuelle*, 2012, 312, p. 36-39, article à partir de la séance du 4 décembre 2010 du séminaire « Les enfants de la science ».
16. L'enfant ramène en effet au réel plutôt qu'à l'originaire ; voir François Ansermet, *Clinique de l'origine*, *op. cit.*, p. 25 ; voir aussi *Silicet*, 1976, p. 177
17. Jean-Luc Godard, « Vu par le bœuf et l'âne » (1984), *Jean-Luc Godard par Jean-Luc Godard*, édition établie par Alain Bergala, Paris, 1985, p. 588 ; cité et discuté par Marie André dans François Ansermet, Marc Germond, Marie André, Francesca Cascino, *L'Ombre du futur. Clinique de la procréation et mystère de l'incarnation*, Paris, PUF, 2007, p. 67-68.
18. « Et voilà bien en quoi, chez l'être vivant mortel réside l'immortalité : dans la grossesse et la procréation », Platon, *Le Banquet*, *op. cit.*, p. 149.
19. Jacques Lacan, *Le Séminaire*, Livre XXIV, 16 novembre 1976.
20. Voir les échanges que nous avons eus à ce propos lors du séminaire « Lectures freudiennes » de l'ASREEP-NLS, animé en binôme par Éric Laurent et moi-même sur le thème du symptôme au sinthome, à Lausanne le 7 juillet 2012, disponible en ligne (https://www.youtube.com/watch?v=17-cxWD5CH0).

21. L'enfant trouvera en effet sa place dans la division entre la femme et la mère : voir Jacques-Alain Miller, « L'enfant et l'objet », *La Petite Girafe*, 2003, 18, p. 6-11.
22. François Flahault, « Les liens maternels dans les contes de tradition orale », *Nouvelle Revue de psychanalyse*, 1992, 45, p. 217-234.
23. René A. Spitz, « Hospitalism », *The Psychoanalytic Study of the Child*, 1945, 1, p. 53-74 ; « Hospitalism : A follow-up report », *The Psychoanalytic Study of the Child*, 1946, 2, p. 113-117 ; « Anaclitic depression ; an inquiry into the genesis of psychiatric conditions in early childhood », *The Psychoanalytic Study of the Child*, 1946, 2, p. 313-342.
24. Charles Dickens, *Oliver Twist*, 1838, chapitre 2, Paris, Hachette, 1893, p. 5.
25. Jacques Lacan, « Propos directifs pour un congrès sur la sexualité féminine » (1960), *Écrits*, *op. cit.*, p. 725.
26. Myriam David, Geneviève Appell, *Lóczy ou le Maternage insolite*, Paris, Érès, 2012.
27. Jenny Aubry, *Enfance abandonnée. La carence de soins maternels*, avec en annexe deux textes inédits de Jacques Lacan adressés à l'auteur, Paris, Scarabée & Compagnie-A. M. Métailié, 1983 ; voir aussi Jenny Aubry, « L'influence de la famille sur le jeune enfant », *in* Collectif, *Le Bloc-Notes de la psychanalyse n° 11*, « L'enfant, l'inconscient », 1992.
28. Sigmund Freud, « L'épreuve de satisfaction », *L'Esquisse d'une psychologie scientifique* (1895), Paris, PUF, « Naissance de la psychanalyse », 1973, p. 336-338.
29. Jacques Lacan, « Les formations de l'inconscient » (1957-1958), *Le Séminaire*, Livre V, Paris, Seuil, 1998. p. 245.
30. Jacques Lacan, « Note sur l'enfant » (1969), *Autres Écrits*, *op. cit.*, p. 373.
31. Otto Rank, *Le Mythe de la naissance du héros* (1922), Paris, Payot, 1983 ; Aegli Brouskou, « Enfants vendus, enfants promis », *L'Homme*, 1988, 105 (XXVIII), p. 76-87 ; Marie Delcourt, 1944, « L'enfant exposé » (1944), *Œdipe ou la Légende du conquérant*, Paris, Les Belles Lettres, 1981 ; Marie-Rose Moro, Tobie Nathan, « Éditorial », *in* « L'Enfant exposé », *Nouvelle Revue d'ethnopsychiatrie*, 1988, 12, p. 7-9.
32. Otto Rank, *Le Mythe de la naissance du héros* (1922), *op. cit.*
33. Robert Georgin, *De Lévi-Strauss à Lacan*, Juvisy, Cistre, « Écrits », 1983.
34. Jorge Luis Borges, « La création et P. H. Gosse », *Enquêtes*, Paris, Gallimard, « Folio », 1967, p. 44
35. Jorge Luis Borges, « Le temps », *Conférences*, Paris, Gallimard, « Folio », 1985, p. 203-216.
36. Repris à partir de la préface au livre de Vania Widmer à partir de sa thèse sur les enfants enlevés en Argentine à l'époque de la junte militaire, François Ansermet, « Advenir de lo insoportable ? », *in* Vania Widmer, *Identidad y*

filiacion : niños desaparecidos durante la dictadura argentina, una clinica de la singularidad, Buenos Aires, Letra Viva, 2018, p. 17-20.

37. Un patient me demandait un jour, de façon très pertinente, comment il se faisait que ce qu'on ne sait pas nous détermine plus que ce que l'on sait.
38. Discours du général Videla à la télévision, repris dans divers médias, cité par Alice Verstraeten, « Les disparus argentins de deuxième génération : vies paradoxales dans les limbes du social », *Frontières*, 2016, 27 (1-2) : *Figures de la disparition.*

CHAPITRE 4

De l'origine au devenir

1. La partie « L'énigme du sourire » ci-dessous est extraite et transformée à partir de François Ansermet, *Clinique de l'origine*, *op. cit.*
2. Sigmund Freud, *Un souvenir d'enfance de Léonard de Vinci*, *op. cit.*, p. 132.
3. Jean Lombardi, « L'énigme obsédante de la Joconde », *La Part de l'œil*, 1993, 9, p. 121-137, p. 125.
4. Sigmund Freud, *Un souvenir d'enfance de Léonard de Vinci*, *op. cit.*, p. 89.
5. René Spitz, *Le Non et le Oui. La genèse de la communication humaine* (1957), Paris, PUF, 1962 ; *De la naissance à la parole. La première année de la vie* (1965), Paris, PUF, 1968.
6. René Spitz, « Hospitalism », art. cit. ; « Hospitalism : A follow-up report », art. cit. ; « Anaclitic depression », art. cit.
7. Jean-Pierre Lecanuet *et al.*, *Fœtal Development, a Psychobiological Perspective*, Hillsdale (New Jersey), Hove UK, Lawrence Erlbaum Associates Publishers, 1995.
8. Daniel N. Stern, *Le Monde interpersonnel du nourrisson. Une perspective psychanalytique et développementale*, Paris, PUF, 1989.
9. Jacques Lacan, « Le stade de miroir comme formateur de la fonction de "Je" » (1949), *Écrits*, *op. cit.*
10. *Ibid.*, p. 94.
11. Donald W. Winnicott, 1967, « Le rôle du miroir de la mère et de la famille dans le développement de l'enfant » (1967), *Jeu et réalité*, Paris, Gallimard, 1975, p. 153-162.
12. Wim Wenders, Peter Handke, *Der Himmel über Berlin : Ein Filmbuch*, Francfort-sur-le-Main, Suhrkamp Verlag, 1987, p. 14-16 (note de l'auteur : traduction personnelle).
13. Georges Didi-Huberman, « La dialectique du visuel ou le jeu de l'évidemment », *Ce que nous voyons, ce qui nous regarde*, Paris, Minuit, 1992, p. 53-84.
14. *Ibid.*, p. 53.

15. Jacques Lacan, « Les quatre concepts fondamentaux de la psychanalyse », *op. cit.*, p. 71.
16. Georges Didi-Huberman, « La dialectique du visuel ou le jeu de l'évidement », *op. cit.*, p. 53.
17. Sigmund Freud, « Au-delà du principe de plaisir », *op. cit.*, p. 49-56.
18. Jacques Lacan, « Fonction et champ de la parole et du langage en psychanalyse », *op. cit.*, p. 318-319.
19. Charles Baudelaire, « La morale du joujou » (1853), *Œuvres complètes*, édition Claude Pichois, Paris, Gallimard, « Bibliothèque de la Pléiade », 1957, p. 587.
20. Georges Didi-Huberman, « La dialectique du visuel ou le jeu de l'évidement », *op. cit.*, p. 60.
21. Sigmund Freud, « Au-delà du principe de plaisir », *op. cit.*, p. 83.
22. *Ibid.*, p. 104.
23. Victor Segalen, *Essai sur soi-même*, Montpellier, Fata Morgana, 1986.
24. Sigmund Freud, *Le Mot d'esprit et sa relation à l'inconscient* (1905), Paris, Gallimard, 1988, p. 268.
25. On semble donc retrouver ici l'association définie par Gauchet entre la théorie du réflexe et la genèse du concept d'inconscient (voir Maurice Gauchet, *L'Inconscient cérébral*, Paris, Seuil, 1992).
26. Selon l'excellente expression de Ginette Raimbault, voir son livre *Clinique du réel, la psychanalyse et les frontières du médical*, Paris, Seuil. 1982.
27. Ce paragraphe reprend, en l'adaptant, un texte que j'ai d'abord publié sous le même titre, « Une immuable absence », *Le Bloc-Notes de la psychanalyse*, 1983, 2, p. 57-59.
28. Eugénie Lemoine-Luccioni, *Psychanalyse pour la vie quotidienne*, Paris, Navarin Éditeur, 1987.
29. Saint Augustin, *Confessions*, Livre XI, p. 23.
30. Giorgio Agamben, « Temps et histoire. Critique de l'instant et du continu », *Enfance et histoire*, *op. cit.*, p. 115.
31. Œuvre présentée notamment à l'exposition *Numerica*, Palazzo delle Papesse, Sienne, du 22 juin 2007 au 06 janvier 2008.
32. Œuvre présentée à la même exposition de Sienne.
33. Ferdinand de Saussure, « Deuxième conférence à l'Université de Genève » (1891), inédit, communiquée par Claudia Mejia.
34. Pour paraphraser Giorgio Agamben dans le texte déjà cité, lorsqu'il discute Hegel (*Enfance et histoire*, *op. cit.*, p. 122).
35. Giorgio Agamben, *Enfance et histoire*, *op. cit.*, p. 122.
36. « *L'infinito passa attraverso il taglio* », comme le disait Lucio Fontana, à propos de ce sur quoi ouvrait la coupure qu'il faisait dans la toile avec un cutter.
37. Mircea Eliade. *Le Sacré et le Profane*, *op. cit.*

38. Henri-Charles Puech, *En quête de la gnose*, tome I : *La Gnose et le temps et autres essais*, Paris, Gallimard, 1978.
39. Giorgio Agamben, *Enfance et histoire*, *op. cit.*, p. 126.
40. Voir Jacques Lacan, « La science et la vérité », *op. cit.* : « De sa position de sujet, chacun est responsable », ce qui indique que c'est sa réponse qui le constitue plutôt que sa cause.
41. Dans le chapitre « Les bœufs du soleil » dans James Joyce *Ulysse*, 1922.
42. Pour paraphraser saint Augustin : « Comment donc ces deux temps, le passé et l'avenir, sont-ils, puisque le passé n'est plus et que l'avenir n'est pas encore ? », saint Augustin, *Confessions*, Livre XI, p. 23.
43. Claudio Parmiggiani, *Stella, sangue, spirito*, cité par Georges Didi-Huberman, *Génie du non-lieu*, Paris, Minuit, 2001, p. 42.
44. *Ibid.*, p. 43.
45. Giorgio Agamben, *Enfance et histoire*, *op. cit.*, p. 126.
46. Comme l'écrit encore Giorgio Agamben : « De même doit-on opposer au temps chronologique de la pseudo histoire le temps kairologique de l'histoire authentique », *Enfance et histoire*, *op. cit.*, p. 130.

POUR NE PAS CONCLURE

La spirale du devenir

1. Rainer Maria Rilke, *Lettres milanaises, 1921-1926*, *op. cit.*, p. 23-30.
2. Pour reprendre ici encore l'extraordinaire expression déjà citée de Walter Benjamin en exergue de la préface de ce livre : une façon de croiser la préface et la conclusion, en faisant alterner aux deux points extrêmes de notre parcours entre Benjamin et Rilke.
3. « De notre position de sujet, nous sommes toujours responsables », Jacques Lacan, « La science et la vérité », *Écrits*, *op. cit.*, p. 858.
4. François Ansermet, *Prune Nourry, Serendipity*, *op. cit.*
5. Cité par Sylvie Cattelin, *Sérendipité, du conte au concept*, Paris, Seuil, 2014. p. 21.
6. Michel de Montaigne, *Essais*, Livre I, chapitre XX : « La préméditation de la mort ».

Table

DU MÊME AUTEUR
CHEZ ODILE JACOB

La Dévoration numérique, avec François Forestier, 2021.

La Fabrication des enfants. Un vertige technologique, 2015.

Neurosciences et psychanalyse, avec Pierre Magistretti, 2010.

Les Énigmes du plaisir, avec Pierre Magistretti, 2010.

À chacun son cerveau. Plasticité neuronale et inconscient, avec Pierre Magistretti, 2004.

*Cet ouvrage a été imprimé sur du papier
dont les fibres de bois proviennent
de forêts durablement gérées*

Cet ouvrage a été composé en Adobe Garamond Pro
par Facompo à Lisieux (Calvados)

Cet ouvrage
a été achevé d'imprimer
sur les presses de la
Nouvelle Imprimerie Laballery
à Clamecy (58)
en décembre 2022

N° d'édition : 4150-0154-X – N° d'impression : 211617
Dépôt légal : janvier 2023

Imprimé en France